RDMI（国际研发方法协会）指定TRIZ二级认证培训教材

TRIZ：打开创新之门的金钥匙 II

孙永伟
〔美〕Simon Litvin
〔美〕Vladimir Gerasimov
〔美〕Alex Lyubomirskiy
著

科学出版社
北　京

内 容 简 介

本书包含MATRIZ（国际TRIZ协会）二级认证大纲中所要求的所有内容，其中基于过程的功能分析、基于过程的剪裁、特性传递、物场模型和标准解、ARIZ（发明问题解决算法）、工程系统S曲线进化趋势是MATRIZ二级认证所要求的内容，初始缺点的识别、基于TRIZ的专利战略是作者最近几年的研究成果，经过了大量项目的实践被证明是非常有效的。

本书摒弃了复杂的专业案例，而代之以通俗易懂的丰富案例，以帮助读者理解现代TRIZ理论。

本书非常适合从事解决技术问题的研发人员、工程师，与技术相关的企业管理人员、知识产权工作人员、科研院所研究人员、理工科院校的师生作为学习、培训教材或自学参考。

图书在版编目（CIP）数据

TRIZ：打开创新之门的金钥匙Ⅱ/孙永伟等著. —北京：科学出版社，2020.7（2026.1重印）

ISBN 978-7-03-065313-0

Ⅰ.①T⋯ Ⅱ.①孙⋯ Ⅲ.①创造学–教材 Ⅳ.①G305

中国版本图书馆CIP数据核字（2020）第092514号

责任编辑：孙力维 杨 凯/责任制作：魏 谨
责任印制：吴兆东

科学出版社 出版
北京东黄城根北街16号
邮政编码：100717
http://www.sciencep.com

天津市新科印刷有限公司印刷
科学出版社发行 各地新华书店经销

*

2020年7月第 一 版 开本：720×1000 1/16
2026年1月第七次印刷 印张：18
字数：300 000

定价：88.00元

（如有印装质量问题，我社负责调换）

序 一

非常荣幸受孙永伟博士之邀为《TRIZ：打开创新之门的金钥匙Ⅱ》作序。孙博士在创新方法论领域耕耘多年，一直在探索利用先进的方法论提升研发效率、推动科技进步，并取得了可喜的成绩。该书是孙博士关于TRIZ推动创新的第二本著作，在这里向他表示衷心的祝贺，也希望他的经验和心得能够传播给更多愿意在这个领域学习的读者朋友们！

我和孙永伟博士是在北京低碳清洁能源研究院（以下简称北京低碳院或低碳院）工作多年的同事。北京低碳院是国家能源集团的研发机构，也是国家级海外高层次人才创新创业基地，目前设有中国（北京）、美国、德国3个全球研发基地。自成立之初，北京低碳院就陆续引入了TRIZ、六西格玛、门径管理等在国内外著名大企业中获得成功应用的先进方法论。孙永伟博士正是这些方法论应用的主要推动者。北京低碳院是致力于原始创新的研发机构，我们推行先进创新方法论的目的很明确，就是要将这些方法用于我们的研发项目中，解决关键的技术难题，使我们的研发更有效率、创新更有竞争力。目前，TRIZ和六西格玛已经成为北京低碳院开展研发活动时的基本工具，并且成为北京低碳院企业文化的重要组成部分，正在为北京低碳院的科技创新发挥更大的作用。

这些先进方法论在科技创新方面的应用很广，几乎覆盖了北京低碳院所有的技术领域，包括我们在煤的清洁转化利用、功能材料、分布式能源、环境保护、煤化工、氢能及利用等领域的研发活动。我们的经验证明，这些先进的方法论能有力提升研发项目的质量，缩短研发周期，保障研发项目的高效执行，并且提高工程师的创新能力以及解决问题的能力。到目前为止，我们已将基于TRIZ和六西格玛的创新方法论应用于200多个研发项目，许多专利中也有TRIZ的应用。

序 一

如果说六西格玛理论中的一系列工具，可以帮助我们从识别客户需求出发，经过定义、测量、分析、设计、优化、验证等步骤，达到用正确的方法做正确的事的目的。那么TRIZ理论则更大程度上侧重于对问题进行全面分析和创造性地解决问题。在TRIZ理论的引导下，结合研发团队成员的工作经验，对问题进行深入、全面的分析，然后产生创造性的解决方案，这些解决方案被广泛应用到项目之中，取得了实实在在的成果。在这个过程中，孙永伟博士功不可没。他具有很高的理论水平、丰富的项目实战经验和企业推广经验。由于他在先进方法论应用推广方面的成就，孙博士在2018年被授予"TRIZ五级大师"的称号，成为目前为止全球华人中唯一的一位TRIZ大师。与此同时，他还带领北京低碳院获得了国际TRIZ特别荣誉奖，并获得了国内外相关机构的广泛认可。

我非常高兴地看到孙永伟博士能把他的经验向社会分享，北京低碳院从TRIZ的应用推广中获益匪浅，也希望它能够给您或您的企业带来同样的效果！

北京低碳清洁能源研究院院长

序 二

我们很高兴知道孙永伟博士的第二本论述TRIZ的书即将出版。我们侨居美国，每次回国，都看到国内各处都在提倡创新。我们非常支持通过创新建立一个富强康乐的国家。创新如此重要，必须要有一套逻辑性的方法来作最有效的指导，最快速地取得成果，这就是TRIZ。

孙永伟博士自从在2012年离开已经工作多年的GE，加入神华企业在政府指导下新创办的北京低碳清洁能源研究所（低碳所），负责推动六西格玛与质量管理的方法。TRIZ可以说是其中一个主要的工具。它在1956年始创于苏联，先传到美国，后再用到中国。永伟博士将它引进到低碳所，直到今日，可以说已成功地将它融入院内的文化（低碳所后来成长、扩大成为低碳院），它有效地帮助院内的研究人员快速推进他们有创新性的科研，有效地取得了很多工业化的成果，也同时帮助他们在专利权方面，因采用TRIZ这一套方法，获得很大的成功（在更短时期内获得更多并且更高质量的专利权）。

我们多年来担任低碳院学术委员会的成员，对永伟博士的工作一向都是支持和鼓励。虽然TRIZ在开始时与六西格玛的工作一样，都遇到阻力与困难，但是因为永伟博士是一个非常执着的工作者，幸好有这样的性格，用从不间断地勇往直前的毅力，克服种种困难而取得了今日的成果。卫昶院长有一次很骄傲地告诉我们，六西格玛及TRIZ是低碳院的名片之一。低碳院在这方面的成功，也使它变成一个在中国的"取经"之地，带动了国内许多企业、公司的使用。我们在此很高兴地向永伟博士和低碳院领导们以及全体的科研同志们道贺，也祝他们在继往开来的精神下，继续科研的成功，为中国的富强康乐，做出非凡的贡献。

黎念之　翁家瑜
2020年5月1日于芝加哥

序 三

当前全球新一轮科技革命和产业变革蓄势待发，我国经济发展方式加快转变，创新引领发展的趋势更加明显，知识产权制度激励创新的基本保障作用也更加突出。以专利为代表的知识产权一头连着创新，一头连着市场，是社会主义市场经济的基石、创新驱动发展的刚需和国际贸易的标配，受到党中央和国家领导人的高度关注，将其作为深入实施创新驱动发展战略的重要支撑，先后出台了一系列重要文件，并多次在关键或公开场合对知识产权领域工作作出重要部署。知识产权从来没有像今天这样深刻影响着国家的前途命运和人民的生活福祉。

TRIZ来源于专利，又反哺着专利。60多年前，TRIZ理论的创始人根里奇·阿奇舒勒先生在分析了数十万件专利的基础上总结出创新的一般规律，创立了TRIZ理论。而今知识产权工作者们通过大量的实践研究发现，TRIZ理论能够为专利分析、专利规避乃至专利布局提供系统思维和方法范式的支持。上述种种，对于企业来说，都是一笔宝贵的财富。

作为一个有着30余年专利情报研究经验的专利工作者，我认为TRIZ与专利情报分析的结合将会创造出更多的可能性，激发出更大的活力。时光荏苒，我与孙博士相识已近10年。10年间，在孙博士的帮助下，我曾领导的国家知识产权局知识产权发展研究中心研究二处的同事们几乎所有人都接受了至少三天的一级培训。孙博士向我们传授了许多非常具有实战意义的TRIZ的知识，同时我们共同将TRIZ理论应用于专利情报分析的实践。随着这些项目的推进，我明显感受到TRIZ理论与专利情报分析的高度契合。我认为，无论是TRIZ专家掌握知识产权理论，还是知识产权专家掌握TRIZ理论，都无异于如虎添翼。一方面在TRIZ理论的引导下，技术问题被系统化地分解并形成解决方案集，另一方面在专利情报的引领和支撑下，这一集合中具有实际应用价值和可专利性的解决方案被筛选出来。二者相互配合补位，螺旋往复，直至

序 三

形成满意的批量化可专利技术集。

TRIZ中的众多工具为专利的创、运、保等多个重要节点提供方法和决策支撑。在专利创造初期，利用TRIZ中的各类工具可以启发我们产生大量可专利性的解决方案，让专利创造从单件生产转向批量化产出；在专利布局时，工程系统的进化趋势等工具可以提供更精准的方向指引；在专利规避时，运用TRIZ中的剪裁、因果链分析、功能导向搜索等工具，可以更精准和系统化地帮助企业找到合适的专利规避方向，从而更高效地规避已有专利。除此之外，在专利增强、专利回输、转用发明等方面，TRIZ理论也能通过众多工具提供操作性很强的支持。

上述基于TRIZ与专利结合的经验都来源于项目实践。2016年，在孙博士的推动下，国家知识产权局知识产权发展研究中心的专利分析团队与孙博士所在的国家能源集团北京低碳清洁能源研究院团队开展了脱硝催化剂再生项目的合作研究。在项目执行的过程中，我们组建了一个跨领域、具备多种技能的综合团队，其中既包括知识产权发展研究中心专家、多位经验丰富的专利审查员、脱硝催化剂项目行业专家，又包括以孙永伟博士为代表的TRIZ专家。团队成员各司其职，行业专家对技术进行澄清，专利分析团队对技术点进行全面深入分析，形成详尽的专利分析报告，指出本领域的专利分布及障碍，然后行业专家在TRIZ专家的引导下对技术问题进行规避，形成新的解决方案，并在空白点上产生专利，最后形成高质量的专利布局。项目的执行过程让我记忆犹新，所取得的成果也让我难以忘怀。几年过去了，这个项目的后续仍然在这个基础上源源不断地产出成果。目前已经形成了30个专利，有些专利已经许可给许多厂家，每年获得数千万的许可费。

实践出真知。我深切感受到了TRIZ理论与专利的结合在企业创新发展中起到的突出作用，也希望有更多的企业或组织和知识产权领域相关人员能够学习、掌握、运用TRIZ理论，并享受到丰硕的成果。

陈 燕
中国知识产权研究会秘书长
2020年3月10日于北京

序 四

当今，高强度的创新成果需要有一种高度有效的创新方法，本书就是关于这一需求的。

直到最近，创新还是基于组织方法（例如，六西格码，精益，QFD等）以及激发创造性思维的心理方法（例如，头脑风暴）。然而，自20世纪60年代以来，Genrikh Altshuller先生及其追随者在苏联开创了一门创新科学，称为发明问题解决理论——TRIZ。今天，这门应用科学已在美国、欧洲、亚洲、拉丁美洲、俄罗斯以及全球范围内广泛运用。通用电气、英特尔、百事可乐、三星、西门子、国家能源集团等一些全球最大的企业都采用了它。本书作者介绍的TRIZ方法和工具提供了许多强大的创新解决方案。与许多其他有关TRIZ的书籍和出版物不同，本书提供了高级TRIZ理论工具的指南。实际上，它为希望获得国际TRIZ二级认证的人们提供了指南。

本书的主要目的是将广泛收集的TRIZ材料系统化，以教科书的形式提供给各个领域的管理人员、工程师和科学家。本书的主要章节有基于过程的功能分析、初始缺点的识别、基于过程的剪裁、特性转移、物场模型、标准解和ARIZ。

本书的另一个目的是帮助读者增强个人创造力、社交活动并确定他们在社会中的角色。作者深入分析了各种TRIZ系统分析方法，新的工程解决方案以及系统开发预测。作者还使用了他们参与的众多创新项目的数据。作者特别注意书中提出的方法和策略的实用性。本书提供了多个示例和插图。

本书中描述的所有TRIZ工具均已在许多实际项目中成功进行了测试，这些项目由作者及其同事在世界领先的企业中完成。运用TRIZ，本书的读者将大大提高他们在各种创新项目中的创造力。他们还将为获

序　四

取TRIZ二级认证做好充分的准备。

　　总之，这本书有相当高的专业水准。用中文出版真是太好了。它将找到通往中国众多读者思想和心灵的道路。

Simon S. Litvin　博士

TRIZ大师（五级）

美国波士顿GEN-TRIZ有限责任公司首席执行官/总裁

TRIZ大师认证委员会主席

前　言

近年来，技术创新从未像今天这样重要、紧迫和快速，这也对低效的传统创新方式提出了挑战。TRIZ（发明问题解决理论）是目前被证明非常有效的一种创新的方法，目前它已经被许多大企业，如国外的三星、通用电气、浦项制铁、飞利浦、西门子以及国内的国家能源集团、vivo、长城开发等企业广泛引入，取得了快速的发展，解决了大量技术难题，成为这些企业的企业文化中的重要组成部分。TRIZ在10多年前被正式引入中国之后，得到了突飞猛进的发展，在许多企业中落地、开花、结果。可以预见，TRIZ将会被越来越多的企业接受，从而产生更多的成果。

2015年，作者出版了基于国际TRIZ一级认证规则所写的《TRIZ：打开创新之门的金钥匙Ⅰ》一书（以下简称"一级培训教材"）。现在它已经被许多人作为学习TRIZ的入门书，甚至成为许多高校学习TRIZ的教科书。后来陆续收到很多人的反馈，指出了书中的不足，在这里我们对他们提出的宝贵意见表示衷心感谢，并期待着有更多人提出宝贵意见。

许多人在看完"一级培训教材"之后，基于想更加深入了解TRIZ的目的，尝试着去寻找第二本书。但没有找到，联系上作者后询问后续"二级培训教材"什么时候出版，我只能说抱歉，目前还没有出版。其实，对于"二级培训教材"的准备已经有几年的时间了。由于我在过去的几年里一直忙于大量的TRIZ和六西格玛实战项目，所以进展并不快。但慢并不意味着停滞，经过几年的认真准备、积淀，并且经过多次课堂讲解和项目实践之后，目前相比几年前已经更加成熟，书中的内容也更加丰富，质量也更高。相信，读者看了之后也会有更深的理解。

前言

本书延续了"一级培训教材"的风格，尽量采用比较简单的例子来说明问题，避免运用比较难以理解的过于专业的例子，即使有个别专业性比较强的例子，也尽量简单地阐述，方便读者更加容易掌握TRIZ理论，而不是深奥的专业知识。

建议读者可以在"一级培训教材"的基础上阅读本书，因为本书是以"一级培训教材"为基础的，如果"一级培训教材"中的基础不扎实，是会影响对"二级培训教材"的理解。如果您还没有阅读"一级培训教材"，您可以沿着现代TRIZ理论的路线图，将两本书结合起来阅读，即先阅读"一级培训教材"中的基于装置的功能分析，再阅读本书中的基于过程的功能分析，然后再阅读第一册中的因果链分析，本册中的初始缺点的识别……以此类推。

本书介绍了现代TRIZ理论中一系列非常重要的工具，这些工具的主要开发者以及主要贡献者被列为了本书的合著者，以向他们表示衷心的感谢。

1. 基于过程的功能分析。在一级的内容中，我们学习了基于装置的功能分析，但对于一些工艺过程来说，基于常规的装置的功能分析对于项目来说帮助不大。基于过程的功能分析为这一类问题开启了新的视角。这一部分最早由TRIZ大师Simon Litvin和Vladimir Gerasimov提出并开发。

2. 初始缺点的识别。在一级的内容中，介绍了因果链分析，这是解决具体问题时一个最为重要的工具。在二级中，我们将介绍如何识别、确定项目的初始缺点，或者说如何确定正确的项目目标。在项目的实践中，这是一个非常重要但又非常容易被忽略的问题。作者在大量的项目实践中发现有相当比例的项目在确定目标的时候很不合理，为了解决这一问题，作者提出了一种初始问题识别的方法，使项目团队有统一的目标。这一方法最早发表在《TRIZ评论》杂志2016年第4期（总第8期）上，后来又在2017年的TRIZ fest上做了会议报告，并于2019年译为英文后在*TRIZ Review*杂志上发表。

前言

3. 基于过程的剪裁。在一级的内容中，我们学习了基于装置的剪裁。对于工艺过程来说，也可以进行剪裁，可以对那些成本高的或者构成关键缺点的操作（步骤）进行剪裁，然后将它的有用功能用其他操作来执行，从而转换为新的问题。基于过程的剪裁是一个很强大的识别问题的工具。这一部分内容由Simon Litvin、Vladimir Gerasimov以及Alex Lyubomirskiy三位TRIZ大师合作开发。

4. 特性传递。任何工程系统都不是完美的，一个工程系统有优点也有缺点。可以找到另外一个具有类似主要功能的工程系统，它具备我们所需要的优点，然后再把产生优点的特性迁移到需要改进的系统中，从而使新的系统兼具二者的优点。这一部分内容由TRIZ大师Simon Litvin最早提出并开发。

5. 物场模型和标准解。标准解是经典TRIZ理论中一个非常重要的解决问题的工具。我们在一级的内容中学习了解决矛盾（包括技术矛盾和物理矛盾）的工具，但有的时候，在做项目时并没有明显的矛盾，这就限制了TRIZ的运用，标准解并不依赖于矛盾，而是依赖于一种被称为物场模型的问题模型。运用它可以提出一些更加具体化、更加容易落地的解决想法。物场模型和标准解大约在1973年开始开发，1975年提出来的第一个版本中仅有5个标准解，到1985年定型时共形成了76个标准解，但从1985年到现在的30多年里，有些标准解的应用已经很少了，有些标准解可以与其他标准解进行归并。在本书中我们对一些比较常用的标准解以及一些归并之后的标准解进行了详细的介绍，而对于一些不太常用的标准解在附录1中列出，供读者参考。这一部分内容最早由阿奇舒勒的学生G.Filkovskiy and I.Flikshtein提出，后来阿奇舒勒开发出了第一个版本。再后来，D.Smirnov and A.Lyubomirskiy做了进一步的发展。

6. ARIZ（发明问题解决算法）。ARIZ是TRIZ理论中一个非常强的、比较高级的、综合性的工具。它可以说是TRIZ理论最早开始开发的工具，也是阿奇舒勒花时间最长的工具。它自1956年TRIZ问世开始，一直到1985年开发出了最后一个版本，前后经历了10多个版本，

前 言

在1985年就有三个版本。在本书中,我们介绍阿奇舒勒所开发的ARIZ的最后一个版本,即ARIZ85C,它是一个综合性的工具,囊括了经典TRIZ理论中的所有工具,它是一个解决问题的算法,由一系列的步骤组成,在它的指导下,可以将我们所遇到的问题一步一步地聚焦、明确化,然后运用不同的资源,转化成为不同的问题模型,并运用不同的TRIZ工具进行解决。本书对ARIZ最为有效的前三部分进行详细介绍,并对其他部分进行简要介绍。如果读者需要进一步地学习,甚至熟练掌握,还是建议读者在有经验的TRIZ专家的带领之下完成一个又一个的项目,这才是掌握这一工具最为有效的途径。

7. 工程系统S曲线进化趋势。这一工具是TRIZ理论中一个战略性的工具。指的是工程系统在发展的时候并不是沿着一条直线,而是沿着一条S形状的曲线前进。它是阿奇舒勒将其他领域的事物发展规律引入到技术领域而开发出来的工具,但阿奇舒勒所构建对S曲线进化趋势的描述过于笼统,不具备强的可操作性。后人在阿奇舒勒的基础上进行了大幅扩展,指出了产品或技术发展不同阶段的驱动力、标志,更重要的是,还指出了在不同阶段我们应该采取的策略。对产品的研发、预测、布局等都具有现实的指导意义。经典TRIZ的工程系统S曲线进化法则由阿奇舒勒开发,TRIZ大师Alex Lyubomirskiy在此基础上进行了大量研究、扩充、细化,从而使这一部分内容更具可操作性。

8. 基于TRIZ的专利战略。TRIZ理论源于专利,它又可以反过来为专利提供支持。专利战略是广大知识产权工作者长期将专利运用于企业的战略实践中积累和总结出来的经验,它们本来就存在。TRIZ可以部分地支持专利战略的实现。这一部分并不是本书的主要内容,我们在这里只是对基于TRIZ的专利战略做一个简单的介绍。基于TRIZ的专利战略的概念最早由TRIZ大师Sergei Ikovenko提出,但由于各国的专利法存在较大差异,因此,我们结合中国的专利法的要求以及专利侵权的判定指南进行了重大修改,以更加紧密结合中国的专利实践。厦门大学嘉庚创新实验室张彬彬老师和深圳知识产权研究会陈亮老师,二位在中国知识产权领域的知名专家为本章内容做出了重要贡献。在此部分内容中

前言

重点介绍了由作者最先提出来的基于初始缺点识别和因果链分析的专利规避及专利布局策略。

本书中大量理论来源于TRIZ理论的创始人阿奇舒勒的思想，以及许多TRIZ大师在阿奇舒勒思想基础之上发展出来的新理论。在此我们向他们致敬！感谢他们为TRIZ理论的产生、发展、普及等做出的卓越贡献。

本书的最终出版，与许多人的支持和帮助是分不开的。在完成了本书的初稿后，我邀请了许多人参与审阅，他们都对本书的各章提出了宝贵的意见。国家能源集团北京低碳清洁能源研究院先进方法论部的龙银花博士（TRIZ三级）通读了本书中的多个章节，提出了许多宝贵的意见。科学出版社的孙力维女士为本书提出了大量修改意见。在基于过程的功能分析和基于过程的剪裁两个章节中用到了国家能源集团北京低碳清洁能源研究院催化剂合成团队朱加清（TRIZ三级）、李浩（TRIZ二级）、李景（TRIZ二级）等提供的案例，基于过程的剪裁中有中国商飞的工程师王志峰（TRIZ一级）博士提供的案例。华南理工大学李森博士（TRIZ三级）和深圳盛柏林公司的惠智家先生（TRIZ二级）为本书提供了大量配图。在本书的第1章基于过程的功能分析中，重庆大学林晓钢博士、重庆科技学院吴睿博士、内蒙古科技大学董振域教授、香港创新学会关志刚先生、上海科创中心彭建平博士提出了许多宝贵意见；在第3章基于过程的剪裁中，泉州职业技术大学蔡海毅老师、厦门大学嘉庚创新实验室张彬彬老师、惠州市德赛西威的方加强老师提出了宝贵意见；在第4章特性传递中，著名手机制造商vivo的戢记球先生、华南理工大学附属第二医院的蒋准飞先生、陆军工程大学的李建廷博士、ABB的杨长洲先生、马钢技术中心袁军芳先生提出了宝贵的意见；在第5章标准解系统部分，北京工业大学刘小冬博士、燕山大学王伟博士和蒋准飞先生、上海豪高机电科技有限公司朱旭东先生提出了宝贵的意见；在第6章ARIZ部分，上海猫鼬工厂CEO罗佳先生、重庆大学贾传果博士、重庆三峡学院魏勇博士和林晓钢博士、GET集团董事长刘勇谋先生提出了宝贵意见；在第7章工程系统进化趋势介绍和

前言

S曲线中，河南科技大学董彬博士、上海萃咨韩楠女士、英特尔中国研发中心的杜连昌博士、深圳知识产权研究会的陈亮先生、国家知识产权局巴特博士、九阳电器的刘爽先生、珠海格力电器的强峰先生提出了修改意见；在第8章基于TRIZ的专利战略简介及基于初始缺点识别和因果链分析的专利规避和布局中，张彬彬老师和陈亮老师二位知识产权专家作了较大的修改，中科三环知识产权部总经理贾敬东女士提出了宝贵的修改意见。还有许多获得TRIZ三级认证的专家们在百忙之中阅读了本书的章节，为本书质量的提升提出了宝贵的意见，在此深表感谢。

本书的成功出版是基于TRIZ在国家能源集团北京低碳清洁能源研究院中的成功推行所获得的经验，没有大量案例的积累，就不可能有书中的经验之谈。从我2012年为推进六西格玛而加入北京低碳院以来，TRIZ由最开始仅在六西格玛设计中提到，到逐渐独立出来，再到一级至三级的梯队建设，甚至到专职的TRIZ推进专家，北京低碳院的高层领导为TRIZ理论的成功推进提供了强有力的支持，在低碳院里形成了运用TRIZ解决技术难题的企业文化，为此，当初的六西格玛部也改为先进方法论部。院学术委员会主任黎念之院士及委员乔家瑜博士等非常关心TRIZ工作在北京低碳院的推进状况，每年都会亲自过问。院长卫昶博士、副院长张冰博士以及曾经领导过TRIZ推进工作的李文华博士、王理博士等都积极支持TRIZ理论的推进工作，帮助我排除了大量困难。TRIZ理论的成功推进还与院内广大研发人员的紧密配合分不开，在北京低碳院，绝大多数员工都已经接受了一级的TRIZ培训，并形成了二级、三级的梯队，在许多重大项目的关键问题中都有TRIZ理论的成功运用。这也使我加深了对现代TRIZ理论的深层理解以及启发了我对新的TRIZ理论的发展的灵感，在此，一并向他们表示感谢。

近年来，作者持续不断地收到读者对本书进展状况的问询，TRIZ爱好者们的鼓励和督促一直是我前进的动力，使我不敢偷懒。在此，向关心本书的TRIZ爱好者们表示衷心的感谢。本书的许多图片、信息等来自于互联网，我们谨向提供这些资料来源的所有者表示衷心的感谢！

前言

　　还要感谢的人有很多，请恕未能一一致谢。

　　本书虽经多次修改，但错漏之处仍在所难免，恳请广大读者就本书中存在的错误，以及描述不清楚的地方提出宝贵的意见。

博士
TRIZ大师
北京低碳清洁能源研究院先进方法论部总监
2019年9月2日夜于国家能源集团北京清洁能源研究院

阅读本书的注意事项

本书是《TRIZ：打开创新之门的金钥匙 I》（2015年出版，以下简称"一级书"）的后续之作，本书的许多章节学习需要具备一级的基础。例如，本书的第1章基于过程的功能分析，需要以一级书中基于装置的功能分析为基础；第2章初始缺点的识别，需要以一级书中的因果链分析为基础；第3章基于过程的剪裁，需要以一级书中的（基于装置的）功能分析和（基于装置的）剪裁为基础；第4章特性传递，需要以一级书中的（基于装置的）功能分析为基础；第6章ARIZ是一个综合性的工具，它要以一级书中的许多知识，如技术矛盾、物理矛盾以及本书中的标准解系统等为基础。可以说，如果没有一级书的基础，在学习本书的时候是非常难以理解的。有些工具在一级书中虽然提及，但并没有详细叙述，例如特性传递、物场模型和标准解系统及S曲线分析。这些内容在本书中有非常详细的介绍，读者在学习这些内容的时候，要以本书内容为主。

如果您已经具备了TRIZ理论的一级基础，您可以按照本书（以下简称"二级书"）的章节学习。

如果您是一位新手，不具备一级的基础，建议您将两本书结合起来一起阅读。推荐您按以下顺序阅读。

1. 一级书中的第1章，绪论

2. 一级书中的第2章，经典TRIZ和现代TRIZ

3. 一级书中的第3章，（基于装置的）功能分析

4. 二级书中的第1章，基于过程的功能分析

5. 一级书中的第4章，因果链分析

阅读本书的注意事项

6. 二级书中的第2章，初始缺点的识别

7. 一级书中的第5章，（基于装置的）剪裁

8. 二级书中的第3章，（基于过程的）剪裁

9. 一级书中的第6章和二级书中的第4章，特性传递

10. 一级书中的第7章，功能导向搜索

11. 一级书中的第8章，发明原理

12. 一级书中的第9章，技术矛盾和矛盾矩阵

13. 一级书中的第10章，物理矛盾的解决

14. 一级书中的第11章和二级书中的第5章，物场模型与标准解系统

15. 二级书中的第6章，发明问题解决算法（ARIZ）

16. 一级书中的第12章及二级书中的第7章，工程系统进化趋势和S曲线进化趋势

17. 二级书中的第8章，基于TRIZ的专利战略简介及基于初始缺点识别和因果链分析的专利规避和布局

以上述顺序阅读的另外一个好处是读者可以更容易在头脑中建立起一个运用现代TRIZ理论分析和解决问题的流程，各个工具之间的衔接也更加自然。

为方便各位读者与作者的交流、方便读者与各位TRIZ专家的交流，以及方便读者之间的交流，我们建立了QQ群，QQ群号为1141059571，您可以用QQ扫描下方的二维码加入。

阅读本书的注意事项

在这个群里，有数以千计的TRIZ专家和不同层次的TRIZ爱好者，您可以了解到TRIZ理论在国内乃至全球的最新发展动态，与全国乃至全球最高水平的TRIZ专家交流，交流TRIZ理论学习体会、实战运用的经验、在企业中推进的技巧，以及研究过程中的心得。

我们还建立了微信公众账号，在这个微信公众账号里，您可以获取TRIZ专家所写的关于TRIZ理论方方面面的文章，例如学习资料、案例分享、理论研究，以及TRIZ的活动如会议、讲座等信息。您可以用微信扫描下方的二维码关注。

目 录

第 1 章 基于过程的功能分析 ……………………………… 1
  1.1 基于过程的功能分析的定义 …………………………… 2
  1.2 基于过程的功能分析的步骤 …………………………… 3
      1.2.1 组件分析 ………………………………………… 3
      1.2.2 功能建模 ………………………………………… 4
  1.3 基于过程的功能分析的算法 …………………………… 10
  1.4 一个基于过程的功能分析的实例 ……………………… 11
  1.5 实例：双功能催化剂合成 ……………………………… 16
      1.5.1 过程简介 ………………………………………… 17
      1.5.2 问题描述 ………………………………………… 21
  1.6 小 结 …………………………………………………… 23

第 2 章 初始缺点的识别 …………………………………… 25
  2.1 初始缺点 ………………………………………………… 26
  2.2 缺 点 …………………………………………………… 26
  2.3 确定初始缺点的重要性 ………………………………… 27
  2.4 确定初始缺点的方法 …………………………………… 28
  2.5 识别初始缺点的算法 …………………………………… 33
  2.6 确定初始缺点的注意事项 ……………………………… 34
  2.7 小 结 …………………………………………………… 34

第 3 章 基于过程的剪裁 …………………………………… 35
  3.1 定 义 …………………………………………………… 35

3.2 剪裁操作的选择 ………………………………………………… 36
3.3 剪裁规则 …………………………………………………………… 38
    3.3.1 包含生产功能的操作的剪裁规则 ……………………… 38
    3.3.2 包含条件功能的操作的剪裁规则 ……………………… 41
    3.3.3 包含矫正功能的操作的剪裁规则 ……………………… 47
3.4 实施基于过程的剪裁的算法 …………………………………… 56
3.5 实例：双功能催化剂合成 ……………………………………… 57
3.6 基于过程的剪裁规则列表 ……………………………………… 59
3.7 小　结 ……………………………………………………………… 60

第 4 章　特性传递 …………………………………………………………… 61

4.1 一个简单的例子 ………………………………………………… 61
4.2 特性传递 …………………………………………………………… 62
4.3 几个重要概念 ……………………………………………………… 64
4.4 特性传递在现代 TRIZ 理论体系中的位置 …………………… 65
4.5 特性传递的算法 ………………………………………………… 67
4.6 一个特性传递的实例 …………………………………………… 68
4.7 特性传递的细则 ………………………………………………… 72
4.8 小　结 ……………………………………………………………… 82

第 5 章　标准解系统 ………………………………………………………… 85

5.1 物场模型 …………………………………………………………… 86
5.2 有问题的物场模型 ……………………………………………… 88
5.3 标准解系统 ……………………………………………………… 90
5.4 运用标准解系统解决问题的算法 …………………………… 92
5.5 标准解详解 ……………………………………………………… 93
    5.5.1 第 1 类标准解——建立和拆解物场模型 …………… 93
    5.5.2 第 2 类标准解——增强物场模型 …………………… 102

5.5.3　第3类标准解——转换到超系统和微观系统 ……………… 111
　　5.5.4　第4类标准解——测量和检测 ………………………………… 115
　　5.5.5　第5类标准解——关于标准解应用的标准解 ………………… 121
5.6　物场模型和标准解的应用流程 ………………………………………… 126
5.7　物场模型和标准解总结 ………………………………………………… 127
5.8　小　结 …………………………………………………………………… 129

第6章　发明问题解决算法（ARIZ） ……………………………………… 131

6.1　ARIZ总体介绍 …………………………………………………………… 131
6.2　ARIZ的总体框架 ………………………………………………………… 134
6.3　ARIZ模板及各步骤的详细解释 ………………………………………… 137
　　6.3.1　第一部分：问题模型 …………………………………………… 137
　　6.3.2　第二部分：资源分析 …………………………………………… 142
　　6.3.3　第三部分：理想最终解和物理冲突 …………………………… 145
6.4　ARIZ实例：封箱问题的解决 …………………………………………… 149
　　6.4.1　第一部分：问题模型 …………………………………………… 152
　　6.4.2　第二部分：资源分析 …………………………………………… 155
　　6.4.3　第三部分：理想最终解和物理冲突 …………………………… 156
6.5　ARIZ第三步之后各步骤的解释 ………………………………………… 161
　　6.5.1　第四部分：运用扩展的物场资源（SFR） …………………… 162
　　6.5.2　第五部分：应用知识库 ………………………………………… 164
　　6.5.3　第六部分：改变或者替换的问题 ……………………………… 165
　　6.5.4　第七部分：分析解决方案 ……………………………………… 166
　　6.5.5　第八部分：利用已经获得的解决方案（超效应分析） ……… 167
　　6.5.6　第九部分：分析解决问题的过程 ……………………………… 167
6.6　小　结 …………………………………………………………………… 168

第7章　工程系统进化趋势介绍和S曲线 ………………………………… 171

7.1　S曲线的起源 …………………………………………………………… 172

目 录

- 7.2 工程系统的 S 曲线进化趋势 ………………………… 173
- 7.3 S 曲线的各个阶段 ……………………………………… 176
  - 7.3.1 S 曲线的第一阶段 ……………………………… 177
  - 7.3.2 S 曲线的过渡阶段 ……………………………… 187
  - 7.3.3 S 曲线的第二阶段 ……………………………… 201
  - 7.3.4 S 曲线的第三阶段 ……………………………… 209
  - 7.3.5 S 曲线的第四阶段 ……………………………… 225
- 7.4 S 曲线分析小结 ………………………………………… 234

第 8 章 基于 TRIZ 的专利战略简介及基于初始缺点识别和因果链分析的专利规避和布局 ………… 235

- 8.1 专利战略 ……………………………………………… 236
- 8.2 基于 TRIZ 的专利战略 ………………………………… 237
- 8.3 基于初始缺点识别和因果链分析的专利规避 ………… 243
  - 8.3.1 基于初始缺点识别和因果链分析的专利规避的原理 … 244
  - 8.3.2 基于初始缺点识别和因果链分析的专利规避的算法 … 246
- 8.4 基于初始缺点识别和因果链分析的专利布局 ………… 246
  - 8.4.1 基于初始缺点识别和因果链分析的专利布局的原理 … 246
  - 8.4.2 基于初始缺点识别和因果链分析的专利布局的算法 … 247
- 8.5 基于初始缺点识别和因果链分析的专利战略案例研究 … 248
- 8.6 小 结 …………………………………………………… 250

附录 1 经典 TRIZ 理论中阿奇舒勒版标准解 ………… 251

附录 2 S 曲线不同阶段的驱动力、标志和发展策略的总结 …………………………………… 255

跋 …………………………………………………………… 259

第 1 章

基于过程的功能分析

在培训教材《TRIZ：打开创新之门的金钥匙I》中，我们介绍了功能分析，但这种功能分析是基于装置的功能分析。也就是说，这些工程系统是由一系列组件组成，而这些组件只能是物质或者是场，以及它们的组合。比如说，我们的研究对象是自行车，或者是手机，或者是电脑，它们由一系列彼此之间有功能的组件组成。但我们在做实际项目的时候，研究的对象不一定是装置，有时候可能是工艺过程。工艺过程广泛存在于化工、冶金、材料制备、汽车装配、手机组装和飞机装配等领域。对于工艺过程的功能分析，我们称之为基于过程的功能分析。基于过程的功能分析与基于装置的功能分析存在显著不同。在基于装置的功能分析中，组成工程系统的组件前后并没有发生显著变化，而在上面所列出的工艺过程中，组成工程系统的重要组件在不同的工位或不同的装置内不断发生变化，或者对象不固定。例如，我们把蒸馒头看作一个工艺过程，在不同的阶段，作为重要组件的面粉不断发生变化，分别是称量阶段的面粉、揉面阶段的面团、发面阶段带气孔的膨松面团，以及蒸制阶段的熟馒头。再比如手机的组装，在生产过程的不同工位上，功能对象也是不断发生变化的，比如在工位甲安装芯片A、B，在工位乙安装组件E、F、G，在工位丙点胶，在工位丁对胶进行固化，在工位戊贴膜……用常规的基于装置的功能分析对工艺过程进行分析时，并不能把过程中存在的问题找出来，而且对于后面要讲的基于过程的剪裁也没有任何帮助。在对类似工艺过程进行功能分析的时候，最好将它模拟为一系列有顺序、基于一定逻辑的步骤，也就是说，将这个工艺过程描述成一步一步的操作。在分析问题的时候，往往更加得心应手。

第 1 章 基于过程的功能分析

在学习本章内容的时候，需要注意，基于过程的功能分析是建立在基于装置的功能分析之上的，并且弥补了基于装置的功能分析的不足。在学习本章内容的时候，需要具备《TRIZ：打开创新之门的金钥匙Ⅰ》中基于装置的功能分析的基础。

基于过程的功能分析在现代TRIZ理论解决问题路线图中的位置如图1.1所示。

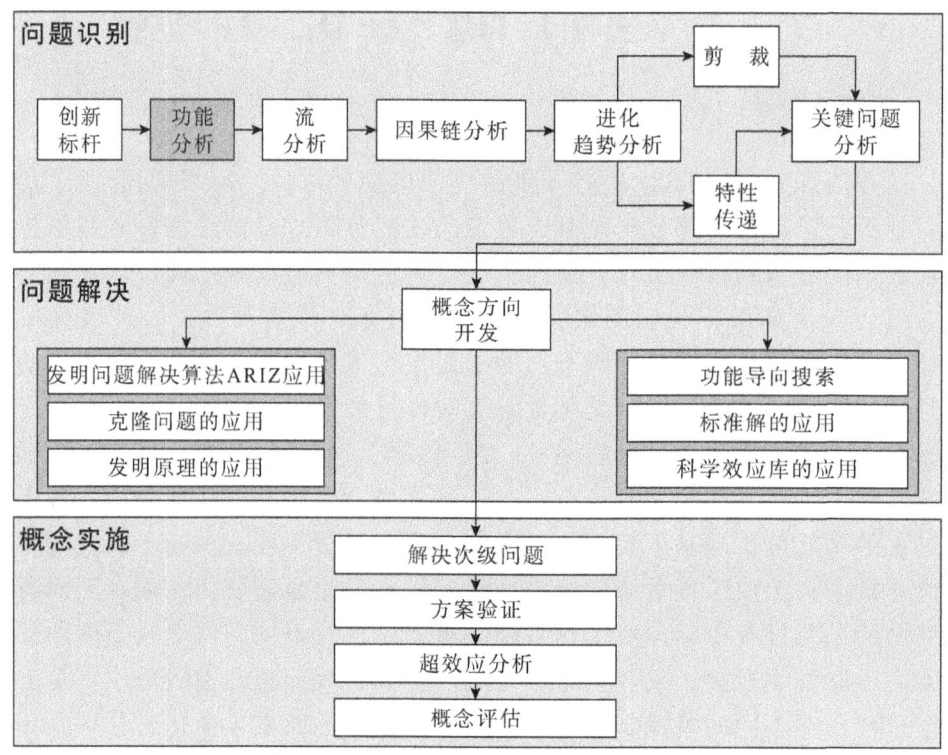

图1.1　基于过程的功能分析在现代TRIZ理论中的位置

1.1　基于过程的功能分析的定义

基于过程的功能分析是一个分析问题的工具，用于识别和区分过程中各操作的功能。过程指的是对实体对象的一系列操作或动作，是运用实体对象（如原材料、人力、能量、设备等）来制造成品的一系列操作。基于过程的功能分析旨在分析和建立过程的功能模型。功能模型中包括每一个操作中的功能得分、所对应的成本、功能类型和性能水平。不同操作中所执行的功能，可以根据它们的功能指数进行比较和评分。这些信息用于根据所执行功能的类型和性能水平，识别对操作进行的进一步的改善和剪裁。基于过程的功能分析的输出是基于过程的功能模型和一系列功能缺点，这些功能缺点可以被用来作为进一步分析和解决问题的输入，为后续识别问题的工具（如因果链分析、剪裁等）提供信息。

1.2 基于过程的功能分析的步骤

基于装置的功能分析共分为三步，即组件分析、相互作用分析和功能建模，而基于过程的功能分析只包括组件分析和功能建模两步，并不包含相互作用分析这一步，如图1.2所示。

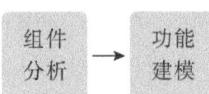

图1.2 基于过程的功能分析的步骤

1.2.1 组件分析

组件分析指的是识别组成过程的不同的操作以及这些操作的顺序。在基于装置的功能分析中，我们把一个装置看成系统，组成这个装置的是物质或场，它们可以被看成是工程系统的组件。而在基于过程的功能分析中，我们把组成过程的每一个操作步骤，看成是一个组件，如图1.3所示。

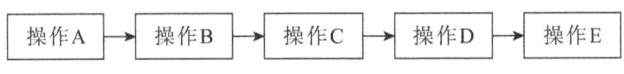

图1.3 基于过程的功能分析之组件分析

以我们比较熟悉的蒸馒头、蒸米饭或者炒菜等为例，它们都可以看成是工艺过程。如在蒸馒头这一工艺过程中，不仅包括称量面粉、水及其他各种原材料的操作，还包括和面、揉面、发酵、蒸制等操作，以及将馒头从蒸笼取出和冷却等操作。

1.2.2 功能建模

在基于过程的功能分析中,功能建模指的是识别和评估组成过程的各个操作的功能。每个操作都包含一系列的功能,我们需要将操作中的功能一一列出来,并对这些功能进行分类和评估,识别出功能的缺点。

1. 基于过程的功能分析的条件及描述方式

尽管基于过程的功能分析与基于装置的功能分析有所不同,但它们所基于的功能存在的三个条件是相同的,如表1.1所示。

表1.1 功能存在的三个条件

条 件	条件内容
1	功能的载体和功能的对象都是组件(物质或场)
2	功能的载体和功能的对象之间要有相互作用(即接触)
3	功能的对象的某个参数被载体的行为改变或者保持

只有满足以上这三个条件,才存在功能,缺一不可。

功能的描述也采用"功能载体+动词+功能对象"的形式来表示,但在大多数时候,基于过程的功能分析中,可以不必体现出功能载体。比如,在基于装置的功能分析中,功能描述为"搅拌桨搅动粉末",而在基于过程的功能分析中,可以写为"搅拌桨搅动粉末",也可以写为"搅动粉末"或者"(搅拌桨)搅动粉末",以上三种描述都是可以接受的。

图1.4描述了过程、操作和功能的关系,即过程包括若干个操作,而在某个操作中包括至少一个功能。

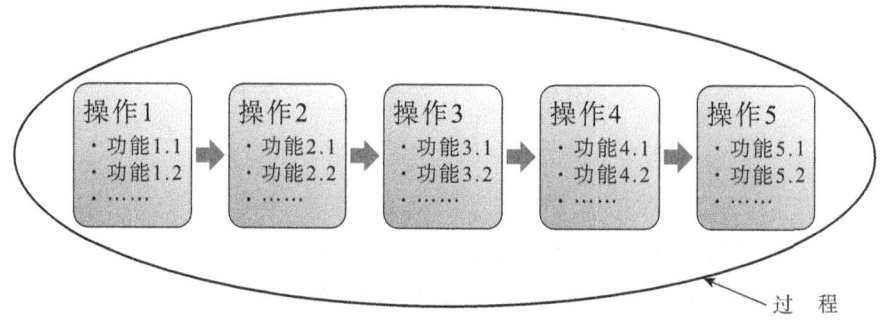

图1.4 过程、操作和功能的关系

2. 基于过程的功能的分类

与在《TRIZ：打开创新之门的金钥匙I》中讲到的基于装置的功能分析类似，根据功能所达到的结果是否与我们的期望一致，我们可以把功能区分为有用功能和有害功能。

有用功能指的是功能达到的结果与我们的期望一致的功能或者是对工程系统的发展有正向贡献的功能。

而有害功能指的是暂时或永久地在工程系统中引入缺陷的功能，功能达到的结果与我们的期望相反或者对工程系统的发展有负向贡献。

如果是有用功能，则可以根据功能所达到的性能水平将功能划分为正常的、不足的和过量的。这一点与基于装置的功能分析是一致的。所谓正常的功能指的是它的性能水平与我们期望的水平是一致的，比如，夏天的时候气温很高，我们需要用空调来制冷，空调冷却空气的功能就是有用功能，如果冷却空气所达到的温度让我们感到比较舒服，符合我们的期望，则认为这个功能是正常的功能；如果气温很高，在不开空调的情况下，有些地方的室温可能会达到近40℃，而空调只能将空气的温度冷却到30℃左右，虽然不会像没开空调时温度那么高，但我们仍然会感到很热，则认为空调冷却空气这一功能没有达到我们的期望，因此是不足的功能；如果空调冷却空气的功能达到的温度很低，比如说低于零度，我们就会感觉冷，即超出了我们的期望，则我们认为这个功能就是过量的。

对于不同类型的功能，可以用表1.2中的符号来表示（这与基于装置的功能分析是相同的）。

表1.2 功能的分类列表

类　别	功能的性能水平	符　号
有用功能	正常的功能（Normal Function）	N
	不足的功能（Insufficient Function）	I
	过量的功能（Excessive Function）	E
有害功能（Harmful Function）	—	H

3. 基于过程的功能评级

与基于装置的功能分析类似，基于过程的有用功能也分为不同的等级,并赋予不同的权重。基于装置的功能评级根据功能的对象的不同,可以将其划分为基本功能、附加功能和辅助功能,而在基于过程的功能分析中,也要对有用功能进行评级分类,以此评估每个操作的价值。不同的是根据功能的对象以及功能对象所做的改变在最终产品中的状况及它的功能对象进行划分,可以将其分为三种,即生产功能(Productive Function)、条件功能(Providing Function)和矫正功能(Corrective Function)。

(1)生产功能指的是一个给产品的参数带来永久性不可逆转的变化的有用功能。该功能所带来的参数变化在最终产品中可以被观察到。

例如,"切割钢板"就是生产功能,因为将钢板切割为特定的尺寸、形状是所需的功能,而且这一功能产生的结果在最终产品中可以被观察到,在最终产品中有证据证明这块钢板曾经被切割过,如图1.5所示。

图1.5 切割钢板是生产功能

(2)条件功能是帮助其他有用功能执行的有用功能,但它只是暂时改变了最终产品的某个参数,产生的结果在最终产品中无法被识别出来,即没有证据证明这个功能曾经被执行过。

例如,有些餐馆会事先把包好的水饺冷冻起来,以便对水饺进行长时间的保存而不会变质,有顾客点的时候马上就可以煮好上桌。"冷冻水饺"这一功能是有用功能。当餐馆把热腾腾的水饺端给客人的时候,并没有证据证明水饺是否被冷冻过,客人无法判断水饺是现包的还是在冰箱中冷冻过的。"冷冻水饺"(图1.6)这一功能所产生的结果

1.2 基于过程的功能分析的步骤

图1.6 冷冻水饺是条件功能

在最终产品中无法识别出来，因此这个功能就是条件功能。

又比如，在生产线上进行装配的时候，在一个工位完成操作后，需要将物料运输到另外一个工位进行后续的操作，在不同的工位间"移动物料"这个功能就是条件功能。它是有用的功能，但它执行这个功能所产生的结果在最终的产品中无法被识别出来，因为当客户拿到最终产品的时候，并没有证据证明这个物料是否在生产线上的工位之间曾经被移动过，如图1.7所示。

图1.7 移动物料是条件功能

（3）矫正功能指的是消除缺陷的有用功能。缺陷是指损害了有用功能的性能或者执行了有害功能的物质或场对象。

例如，刚刚出锅的水饺由于太热而使食客们无从下嘴，这个热量就是缺陷。因此，需要引入"去除热量"的功能。"去除热量"是有用功能，它去除的是热量这一缺陷，因此这一功能就是矫正功能。再比如，在车辆的生产过程中，出厂的时候，需要将车身上的灰尘等去掉，灰尘是我们不希望看到的物质，也就是缺陷，而这个"去除灰尘"的功能就是矫正功能，如图1.8所示。

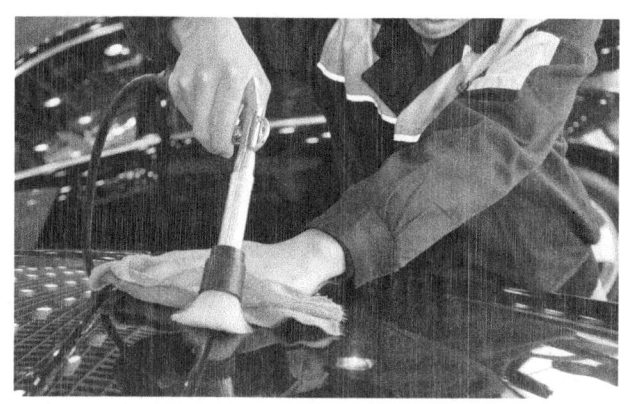

图1.8　去除灰尘是矫正功能

不同的有用功能，其重要程度是不同的，不同重要程度的功能，功能得分也是不一样的：对于生产功能，它的功能得分为3分；对于条件功能，功能得分为2分；对于矫正功能，功能得分为1分。这样，如果一个操作中包含多个有用功能，这个操作的得分就能够通过所执行的各个功能得分加总后计算出来。

不同功能的符号及得分如表1.3所示。

表1.3　不同功能的符号及得分

功能类型	符　号	功能得分
生产功能（Productive Function）	Prd	3
条件功能（Providing Function）	Prv	2
矫正功能（Corrective Function）	C	1

对每个操作进行功能建模的时候，可以参照表1.4所提供的模板。表1.4各部分需要填写的内容如下：

① 操作：需要列出要研究的过程中各个操作的名称。

② 功能：需要列出在这一操作中所执行的功能，列出功能的时候，需要注意遵循表1.1所示的三个条件。

③ 功能分类：判断这个功能是有用功能还是有害功能。

④ 功能类型：指的是如果第3列中将功能判断为有用功能，则要指

1.2 基于过程的功能分析的步骤

表1.4 功能模型

操作①	功能②	功能分类③	功能类型④	性能水平⑤	功能得分⑥	成本⑦

注：
① 填写操作的名称；
② 填写本操作中所执行的功能；
③ 填写有用功能或有害功能；
④ 填写生产功能、条件功能或矫正功能；
⑤ 填写正常的、不足的或过量的。

明它是生产功能，还是条件功能，或者是矫正功能；如果是有害功能，则本栏不需要填写。

⑤ 性能水平：如果第3列中将功能判断为有用功能，则要基于它与我们的期望之间的关系，将其分为正常的、不足的或过量的。

⑥ 功能得分：根据第4列所判断出来的功能类型来进行评分，判断其是生产功能、条件功能或矫正功能，分别给予相应的分数，然后将这些分数相加，从而得到这一操作的总得分。

⑦ 成本：指的是执行这一操作所需要的总成本为多少。当然有的时候，也可以根据项目的需要将它设定为执行该操作所消耗的时长、人力、能耗等。

从表1.4第3列所得到的有害功能和第5列得到的不足的和过量的功能，统称为功能缺点，这些功能缺点可能会被用作后续进一步分析问题和解决问题的输入。

在得到每个操作的功能得分和执行这个操作的成本后，可以对每个操作在功能–成本图上进行定位（见图1.9），图中的每一个黑点均表示一个操作。从而进行价值分析（关于价值分析的内容已在《TRIZ：打开创新之门的金钥匙I》中介绍），并对各个操作采取不同的策略，即或者降低成本，或者提高功能，或者对某些操作进行剪裁。这些策略与基于装置的功能分析是类似的,读者可以参考《TRIZ:打开创新之门的金钥匙I》中的相关内容,在这里不再赘述。

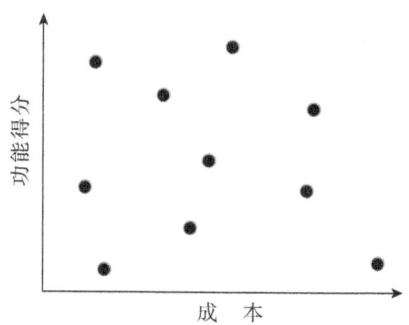

图1.9 功能-成本图(图中的每一个黑点表示一个操作)

1.3 基于过程的功能分析的算法

为了更加方便有效地进行基于过程的功能分析,与其他TRIZ工具类似,我们设计了如下算法,以便于初学者们掌握。

(1)确定需要被分析的过程,也就是确定我们所要研究的项目的范围。

(2)对过程进行组件分析,将整个过程切分为不同的操作(或步骤)。

(3)对每一个操作进行基于装置的功能分析。

① 列出每一个操作中所涉及的物质或场组件,没有必要区分所涉及的组件是系统组件还是超系统组件。

② 对物质或场组件进行相互作用分析。

③ 对各个物质或场组件进行基于装置的功能分析,可以不写载体,只要写出动词和功能的对象就可以了。

(4)对每一个功能进行功能分类,确定它是有用功能还是有害功能。

(5)如果是有用功能,确定这个功能的类型,即生产功能、条件功能或者矫正功能。

(6)如果是有用功能,确定这个功能的性能水平,即正常的、不足的或者过量的。

(7)对本操作中的所有物质或场组件重复步骤(3)~(6)。
(8)计算这个操作的得分。
(9)计算执行这个操作所需要的成本。
(10)对所有操作重复步骤(3)~(9)。

1.4 一个基于过程的功能分析的实例

与化工、冶金等领域的工艺过程类似,炒菜是一个比较典型的工艺过程,不太适用于基于装置的功能分析,因此,我们以这个大家都很熟悉的日常生活中的过程——炒菜(图1.10)为例,介绍基于过程的功能分析的具体步骤。

图1.10 炒 菜

我们基于1.3节的算法进行功能分析。

(1)确定需要被分析的过程,也就是我们所要研究的项目的范围。这里的研究对象是整个炒菜的过程,因此过程名称为炒菜。

(2)将整个过程切分为不同的操作(或步骤),典型的炒菜过程大致可分为7个操作,如图1.11所示。

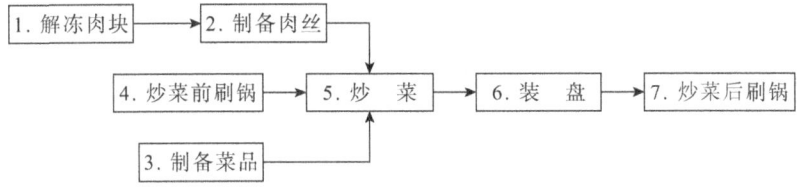

图1.11 炒菜的过程的各个操作

（3）对每一个操作进行基于装置的功能分析，由于篇幅的限制，我们以"制备菜品"这一操作为例进行功能分析，其他操作与此类似。

① 列出每一个操作中所涉及的组件，没有必要区分是系统组件还是超系统组件，"制备菜品"所涉及的组件有：菜品、刀、菜上的杂物、水。

② 对组件进行相互作用分析，如表1.5所示。此部分内容在一级书中有详细的介绍。下表中的"+"代表组件之间有相互作用，即接触；"-"代表组件之间没有相互作用，即没有接触。

表1.5 "制备菜品"操作的相互作用分析

	菜 品	刀	杂 物	水
菜 品		+	+	+
刀	+		-	-
杂 物	+	-		+
水	+	-	+	

③ 对各个组件进行功能分析，在这个过程中，可以写载体，也可以不写载体，只要写出动词和功能的对象就可以了。

· 菜品黏附杂物，如图1.12所示。

图1.12 菜品黏附杂物

· 水去除（蔬菜上的）杂物，如图1.13所示。

1.4 一个基于过程的功能分析的实例

图1.13 水去除杂物

- 刀切割菜品，如图1.14所示。

图1.14 刀切割菜品

识别出来的功能如表1.6所示。

表1.6 "制备菜品"操作中的功能

操 作	功 能
制备菜品	（菜品）黏附杂物
	（水）去除杂物
	（刀）切割菜品

（4）对于每一个功能进行功能分类，确定它是有用功能还是有害功能，见表1.7。

在这里，菜品黏附杂物是我们所不期望的，因此是有害功能；水去除（蔬菜上的）杂物和刀切割菜品都与我们的期望相符，因此将它们确定为有用功能。

表1.7 功能分类

操 作	功 能	功能分类
制备菜品	（菜品）黏附杂物	有害功能
	（水）去除杂物	有用功能
	（刀）切割菜品	有用功能

（5）如果是有用功能，确定这个功能的类型，即生产功能、条件功能或者矫正功能。菜品黏附杂物是有害功能，因此我们对它不进行功能评级，另外两个是有用功能，需要对它们进行功能评级，见表1.8。

表1.8 功能类型

操 作	功 能	功能分类	功能类型
制备菜品	（菜品）黏附杂物	有害功能	—
	（水）去除杂物	有用功能	矫正功能
	（刀）切割菜品	有用功能	生产功能

① 对于"（水）去除杂物"这个功能，由于杂物对后续的操作有坏的影响，因此杂物是缺陷，根据前面的定义，将缺陷去除的功能是矫正功能，因此"（水）去除杂物"就是矫正功能。

② 对于"（刀）切割菜品"这个功能，在最终产品中我们不难发现端上桌的熟菜是经过切割而形成的小块，在最终产品中有证据证明这一功能曾被执行过，因此这个功能是生产功能。

（6）如果是有用功能，确定这个功能的性能水平，即正常的、不足的或者过量的，见表1.9。

表1.9 功能的性能水平

过 程	功 能	功能分类	功能类型	性能水平
制备菜品	（菜品）黏附杂物	有害功能	—	—
	（水）去除杂物	有用功能	矫正功能	不足的
	（刀）切割菜品	有用功能	生产功能	正常的

① 对于"（菜品）黏附杂物"这一功能，由于是有害功能，因此不对其进行性能水平的判断。

1.4 一个基于过程的功能分析的实例

② 对于"(水)去除杂物"这个功能,我们认为没有能够将杂物去除得干干净净,还可能有一些残留,因此并没有达到我们的期望,所以,将其视为不足的功能。

③ 对于"(刀)切割菜品"这个功能,我们认为可以将菜品切割得达到我们的要求,对于这一功能,并没有不满意的地方,因此将其看作正常功能。

(7)计算这个操作的得分:"(菜品)黏附杂物"是有害功能,得0分;"(水)去除杂物"是矫正功能,得1分;"(刀)切割菜品"是生产功能,得3分。因此,"制备菜品"这一操作总共得到了4分,见表1.10。

表1.10 功能得分

过程	功能	功能分类	功能类型	性能水平	功能得分
制备菜品	(菜品)黏附杂物	有害功能	—	—	4
	(水)去除杂物	有用功能	矫正功能	不足的	
	(刀)切割菜品	有用功能	生产功能	正常的	

(8)计算执行这个操作所需要的成本:对于这个例子,我们不太关注成本,因此,我们忽略成本估计这一步。

(9)选择下一个操作,重复步骤(2)~(8)。

最终我们得到了炒菜过程的功能分析结果,见表1.11。

表1.11 炒菜过程的功能分析结果

操作	功能	功能分类	功能类型	性能水平	功能得分	成本
解冻肉块	加热肉	有用功能	矫正功能	不足的	1	
制备肉丝	切割肉	有用功能	生产功能	不足的	3	
制备菜品	菜品黏附杂物	有害功能	—	—	4	
	去除杂物	有用功能	矫正功能	不足的		
	切割蔬菜	有用功能	生产功能	正常的		
炒菜前刷锅	去除残留油	有用功能	矫正功能	正常的	1	
炒菜	加热锅	有用功能	条件功能	正常的	17	
	加入肉丝	有用功能	条件功能	正常的		
	加入佐料	有用功能	条件功能	正常的		
	加热肉丝	有用功能	生产功能	正常的		
	加入蔬菜	有用功能	条件功能	正常的		

续表1.11

操 作	功 能	功能分类	功能类型	性能水平	功能得分	成 本
炒 菜	加热蔬菜	有用功能	生产功能	正常的	17	
	搅动混合物	有用功能	生产功能	正常的		
装 盘	倒出熟菜	有用功能	条件功能	正常的	3	
	冷却熟菜	有用功能	矫正功能	正常的		
炒菜后刷锅	冷却锅	有用功能	矫正功能	正常的	3	
	去除残留油	有用功能	矫正功能	不足的		
	去除残留蔬菜	有用功能	矫正功能	正常的		

* 需要注意的是，在每个操作中，都忽略了一些不太相关的功能。

为了方便阅读，有时也画成图1.15所示形式。

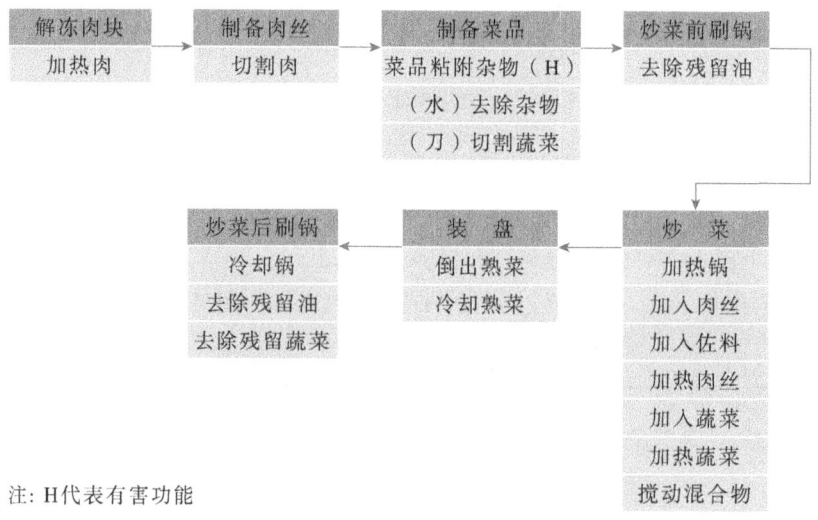

注：H代表有害功能

图1.15 炒菜过程的功能分析

1.5 实例：双功能催化剂合成

国家能源集团北京低碳清洁能源研究院（以下简称低碳院）某型催化剂研发团队，在执行国家某重大战略性项目研究时，遇到了一个双功能催化剂合成过程中的技术问题，该问题一度成为整个研发项目的瓶颈，后来研发团队运用TRIZ获得大量解决方案，经过验证后使催化剂的寿命、

1.5 实例：双功能催化剂合成

转化率等指标大幅提升。现在，我们就以该项目为例，再进行一次功能分析，部分还原解决问题的过程。

1.5.1 过程简介

低碳院的双功能催化剂合成的过程分为以下几个操作。

（1）干混（图1.16）：将具有第一种催化活性的微米级的催化剂的活性成分A粉末与微米级的成分黏结剂B粉末进行混合。A和B均为微米级的粉体，这一步操作的目的是将A和B两种粉末进行充分的混合。

图1.16　干　混

（2）湿混（图1.17）：加入水与浓硝酸之后激活成分B，使其成为胶体，从而使B具有黏结性，然后捏成面团C。

（a）设　备　　　　　（b）面　团

图1.17　湿　混

（3）挤条（图1.18）：将面团C取出，放入挤条机中，挤压成为条状催化剂S1。

(a)挤制现场图

(b)条状催化剂S1

图1.18 挤 条

（4）干燥：将含有水分的条状催化剂S1放入烘箱（图1.19）中，进行干燥脱除S1中的水分。

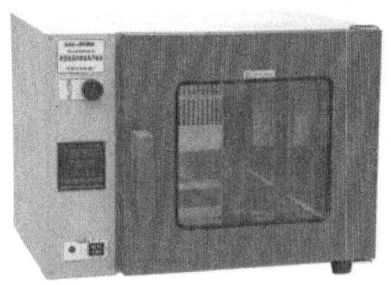

图1.19 干 燥

（5）焙烧：将条状催化剂S1放入马弗炉（图1.20）中进行高温焙烧，高温下催化剂S1的微观结构会发生变化，使黏结剂B黏结更牢，使条状催化剂S1具有更高的机械强度。

图1.20 焙 烧

（6）冷却（图1.21）：将高温的条状催化剂S1取出后，用冷风机降温，使其温度降至室温。

图1.21　冷　却

（7）破碎（图1.22）：用破碎机将经过高温烧结之后的条状催化剂S1破碎，然后进行筛分，得到所需要尺寸的短条状催化剂S2。

 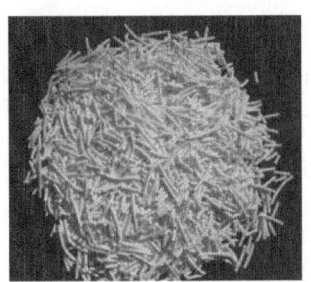

(a) 破碎机　　　　　(b) 短条状催化剂S2

图1.22　破　碎

（8）浸渍（图1.23）：将短条状催化剂S2放入含有第二种催化活性成分D的溶液中，让活性成分D附载在短条状催化剂S2上，形成短条状催化剂S3。

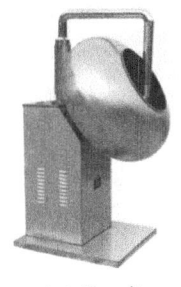 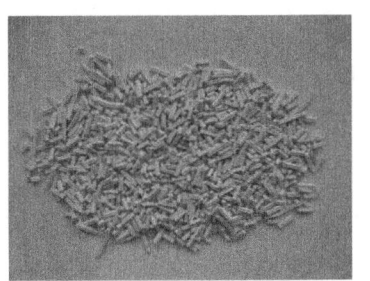

(a) 设　备　　　　　(b) 浸渍催化剂S2

图1.23　浸　渍

（9）二次干燥：将含有水分的短条状催化剂S3放入烘箱（图1.24）中，进行干燥脱水。

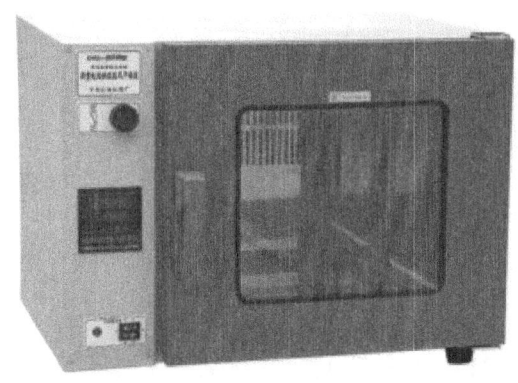

图1.24 二次干燥

（10）二次焙烧：将附载活性成分A和D的短条状催化剂S3放入马弗炉（图1.20）中进行二次焙烧，使S3的微观结构发生变化。

（11）二次冷却（图1.25）：对经过高温焙烧的短条状催化剂S3进行降温，使其冷却到室温，得到我们所需的最终产品P。

(a) 设 备　　　　　　　　　　(b)最终产品

图1.25 二次冷却

图1.26展示了这一过程的每一个操作。

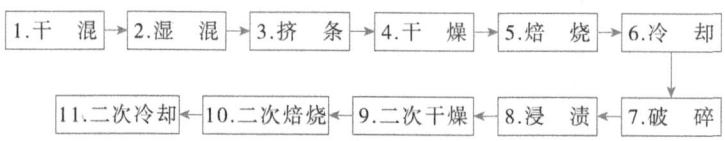

图1.26 双功能催化剂合成工艺过程的组件分析

在最终产品P中，A和D两种催化剂能同时起到催化的作用，具有独特的性质,在提高生产效率、降低成本等方面有很大的优势,具有非常重要的意义。

1.5.2 问题描述

以上是合成双功能催化剂步骤的描述,但在实际操作中,存在着很多挑战。突出表现为催化剂的活性偏低,在经过初步分析之后,发现最终的催化剂P中存在着组分分布不均匀的问题,即组成催化剂P的主要成分A、B和D在最终产品中分布不均匀,微观上,A、B、D三种组分并没有达到最佳的配比。为此,我们运用基于过程的功能分析对整个催化剂合成过程进行分析。基于团队的观察,由于催化剂活性组分A和黏结剂B的粒度以及密度等存在较大差异,虽然在干混时经过了长时间的搅拌,但各组分仍然分布不均匀,A、B两种粉体发生了分层现象。由此引起最终产品中的催化剂强度、活性、选择性、稳定性等各项性能变差。

我们运用基于过程的功能分析,将整个过程分解为不同的操作,并对各个操作中的功能进行分析,分析的过程与表1.4类似,分析结果见表1.12(注意:表1.12只列出了比较重要的功能,忽略了一些不太相关的功能)。

表1.12 功能分析结果

步骤	操作	功能	功能分类	功能类型	性能水平	功能得分	总分	成本
(1)	干混	加入A	有用功能	生产功能	正常的	3	9	
		加入B	有用功能	生产功能	正常的	3		
		搅拌混合物	有用功能	生产功能	不足的	3		
(2)	湿混	加入水	有用功能	条件功能	正常的	2	14	
		加入浓硝酸	有用功能	生产功能	正常的	3		
		形成胶体	有用功能	生产功能	不足的	3		
		黏结A	有用功能	生产功能	不足的	3		
		搅拌混合物C	有用功能	生产功能	不足的	3		
(3)	挤条	成型条状催化剂S1	有用功能	生产功能	不足的	3	3	
(4)	干燥	去除水分	有用功能	矫正功能	正常的	1	1	

续表1.12

步骤	操作	功能	功能分类	功能类型	性能水平	功能得分	总分	成本
(5)	焙烧	固化条状催化剂S1	有用功能	生产功能	不足的	3	3	
(6)	冷却	冷却条状催化剂S1	有用功能	矫正功能	正常的	1	1	
(7)	破碎	破碎条状催化剂S1（形成短条状催化剂S2）	有用功能	生产功能	正常的	3	4	
		去除碎催化剂	有用功能	矫正功能	正常的	1		
(8)	浸渍	附着活性成分D	有用功能	生产功能	不足的	3	3	
(9)	二次干燥	去除水分	有用功能	矫正功能	正常的	1	1	
(10)	二次焙烧	固化短条状催化剂S3	有用功能	生产功能	不足的	3	3	
(11)	二次冷却	冷却短条状催化剂S3	有用功能	矫正功能	正常的	1	1	

基于上面的分析，我们可以找到表1.13所列的功能缺点。

表1.13 双功能催化剂合成过程中的功能缺点汇总

操作	功能缺点
干混	搅拌混合物不足
湿混	形成胶体不足
	黏结A不足
	搅拌混合物C不足
挤条	成型条状催化剂S1不足
焙烧	固化条状催化剂S1不足
浸渍	附着活性成分D不足
二次焙烧	固化短条状催化剂S3不足

未来，可以运用因果链分析对以上功能缺点进行更加深入的分析，以及运用剪裁对造成关键问题的操作进行剪裁。

1.6 小　结

本章介绍了基于过程的功能分析的方法，适用于不方便运用常规的基于装置的功能分析的场合。功能存在的三个条件同时适用于基于装置的功能分析和基于过程的功能分析。但二者的研究对象不同，基于装置的功能分析所研究对象是由物质或场所形成的组件组成的装置，而基于过程的功能分析所研究的是过程，组成过程的组件是一系列的操作。每个操作可以包含一个或多个不同类型的功能，比如生产功能、条件功能或矫正功能。运用基于过程的功能分析可以识别出组成整个过程的每个操作中的功能，以及其中的功能缺点，可以将这些功能缺点用于构建因果链，以便进行更加深入的分析，还可以在功能分析的基础上进行基于过程的剪裁。

第2章 初始缺点的识别

在《TRIZ：打开创新之门的金钥匙I》中，我们介绍了因果链分析的方法，也就是从初始缺点出发，寻找造成上一层级缺点的直接原因，一层一层地建立起因果链，然后从识别出来的所有缺点出发，确定关键缺点，再从这些关键缺点入手，寻求解决方案。因果链分析在实际项目解决的过程中起着极其重要的作用，在许多项目中，原因找到了，问题也就能迎刃而解了。

如图2.1所示，初始缺点是因果链的起点，对初始缺点的正确识别直接影响着整个因果链分析的成败。但我们发现，在做实际项目的时候，却经常碰到一个问题，就是我们并不是那么清楚项目的初始缺点是什么，换句话说，有时候我们并不清楚项目的目标是什么。虽然一个项目团队的所有成员都在致力于完成同一个项目，但不同的项目成员头脑中的初始缺点是不一样的。同样一个项目，有的人认为项目的初始缺点是A，但也有人认为项目的初始缺点是B，相当多的人错误地把一些处于初始缺点和末端缺点之间的中间缺点设定为初始缺点，然后在此基础上建立因果链，但在此基础上建立的因果链往往是不全面的，这会导致对问题的分析不全面，从而丧失很多解决问题的机会。

在本章中，将介绍如何确定初始缺点，使项目团队有一个统一的项目目的。本章所讨论的初始缺点的识别方法最早于2017年由TRIZ大师孙永伟博士提出，并发表在国际TRIZ年会（TRIZ fest 2017）会议论文集中，2019年在MATRIZ旗下杂志*TRIZ Review*创刊号中收录。

注意：在本章中我们所指的项目的目的与项目的目标相同，由于目标一词在功能分析中被用于主要功能的作用对象，为表示区别，避免产生歧义，在这里我们用"目的"一词代替"目标"。

第 2 章 初始缺点的识别

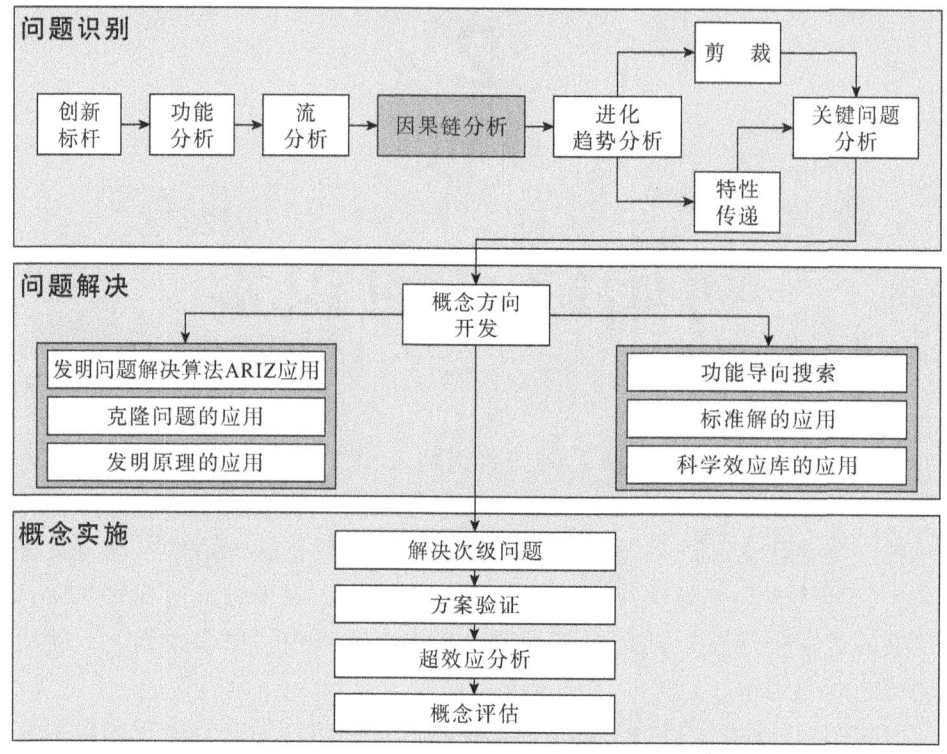

图2.1 初始缺点的识别位于因果链开始之前

2.1 初始缺点

根据定义,初始缺点就是项目目的的反面。只要项目的目的确定了,然后把项目的目的进行反转,就可以得到初始缺点。比如,如果项目的目的是"降低能耗",那么可以把"能耗过高"作为初始缺点。如果项目的目的是"提高收率",那么可以将"收率过低"作为初始缺点。

2.2 缺　点

缺点指的是阻碍项目目的达成的客观事实。例如,我们在功能分析中所得到的有害的功能、不足的功能、过量的功能,等等,都属于某种类型的缺点。

除了利用功能分析方法找到一些缺点以外，还可以运用流分析等方法，从流的角度来找到一些缺点。运用其他的一些分析问题的工具，也可以找到一些其他类型的缺点。

当然，我们还可以利用因果链分析方法，从初始缺点出发，根据时间和逻辑，从后向前一层一层地找到影响上一层缺点的底层缺点，并将这些像链条一样的缺点用And或者Or符号连起来，形成完整的因果链，从而找到更多隐含的深层次的缺点。我们通过消除这些缺点就可以消除初始缺点，从而达到项目的目的。

2.3 确定初始缺点的重要性

在解决实际项目的问题时，因果链分析非常关键。通过因果链分析可以得到大量隐含的、深层次的问题，为实现项目目的提供更多的机会。一个典型的因果链分析如图2.2所示（《TRIZ：打开创新之门的金钥匙Ⅰ》）。

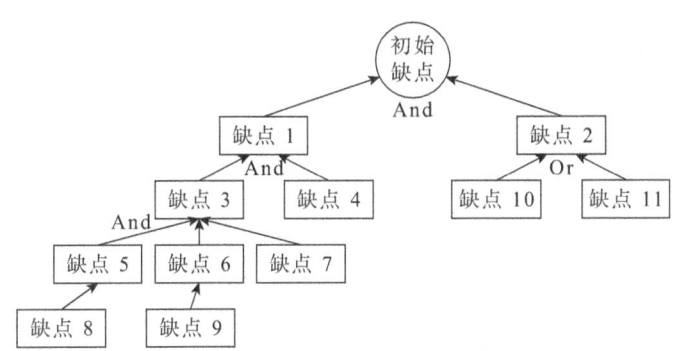

图2.2 典型的因果链分析

我们将处于最高层的缺点设定为初始缺点，初始缺点是进行因果链分析的起点，相当于我们在进行射击比赛的时候设定的靶子。初始缺点决定着因果链（项目）的方向，因此，确定正确的初始缺点，对于项目来说是至关重要的。

在很多项目中，确定初始缺点并不难，我们只需要将项目的目的进行反转，就可以将它作为初始缺点。

乍看起来，项目目的的确定并不难，初始缺点的确定也不难。但是，相当多的时候，当我们建立因果链来解决实际问题时，却常常会遇到这样的挑战，即同一个项目的不同成员会选择不同的缺点作为初始缺点，普遍会错误地认为在项目最开始所遇到的那个显而易见的缺点就是初始缺点，从而将我们的因果链分析引到一个片面的方向上，导致不能尽量多地找到更多的缺点，使我们错失了很多机会。也就是说，很多时候，项目的初始缺点其实是很不明确的。例如，在图2.2中，如果我们将缺点6作为初始缺点，那么可能找出的底层缺点只有缺点9，从而丧失了识别出更多缺点的机会。

举例来说，在我们所熟悉的油漆溢出案例（《TRIZ：打开创新之门的金钥匙I》）中，我们应该将油漆溢出作为初始缺点，然后在此基础上，建立因果链。但实际上，有相当多的人将浮标上面黏附油漆作为初始缺点。究其原因，主要是因为浮标上黏附油漆这个缺点是显而易见的，明显到几乎人人都可以看到。但如果我们将它设为初始缺点，将会错过识别更多缺点的机会。

再例如，在我们所熟悉的静电的案例（《TRIZ：打开创新之门的金钥匙I》）中，可能会出现两种对初始缺点的认定：

（1）如果我们将摩擦起电作为初始缺点，会发现解决问题的机会很少，因为我们能够发现的底层的缺点非常少，解决问题的思路也会受到很大的限制。但这种认定方式却是大多数人的认定方式，相当比例的人会以此作为初始缺点建立因果链。

（2）如果将初始缺点设定为"疼"，然后在此基础上建立因果链，就完全不一样了，相比之下，能够找到更多的缺点，更多的缺点意味着有更多解决问题的机会，也就有可能产生更多的解决方案。

通过对比，我们不难发现，如果确定了正确的初始缺点，则可以找到更多的解决方案，反之，只能产生少量的解决方案。因此，确定正确的初始缺点是非常关键的。

2.4 确定初始缺点的方法

初始缺点的确定是如此重要，那么我们如何确定更加合理的初始缺点呢？我们提出了一种方法，即运用逐步后推的方法来实现。

我们可以在项目中选取一个比较显而易见的缺点作为起始缺点，但这一起始缺点并不一定是真正的初始缺点，我们将其称之为待定的初

2.4 确定初始缺点的方法

始缺点,并将这一缺点记为缺点N,如图2.3所示。在实际项目中,起始缺点并不难确定,在项目中通常至少有一个。另外,它还有可能来源于功能分析或者流分析等TRIZ理论中其他分析问题的工具。

图2.3 起始缺点N

其次,从这个起始缺点N出发,向后推导缺点N可以导致什么后果,而不是向前推导造成缺点N的原因,我们将这个后果记为缺点N–1,将它也设定为待定的初始缺点,这样就产生了两个待定的初始缺点,如图2.4所示。

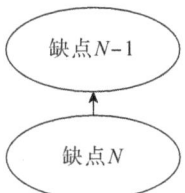

图2.4 从起始缺点N出发推导其产生的后果N–1

然后,再向后推导缺点N–1造成的后果,我们记为缺点N–2,如图2.5所示。

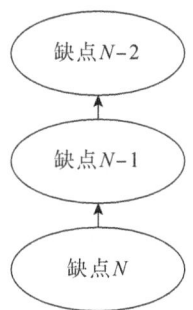

图2.5 从缺点N、缺点N–1出发推导其产生的后果N–2

以此类推,继续产生缺点N–3,N–4,N–5……一直向后推,直到我们发现连续推出来的几个待定初始缺点与本项目的关联不太大为止,我们将它记为缺点N–M。这样我们就产生了由缺点N、缺点N–1、缺点N–2、缺点N–3……缺点N–M所构成的后果链,一共有M+1个待定的初始缺点,如图2.6所示。

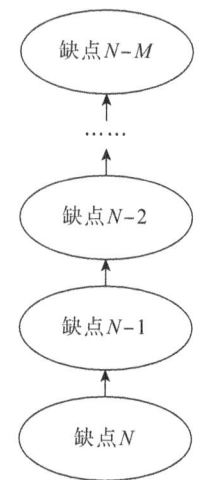

图2.6 从缺点N出发推导其产生的后果缺点N~M

产生了这么多待定的初始缺点之后,我们就可以从这些缺点中进行选择,看我们所选出来的M+1个待定的初始缺点中,哪一个作为初始缺点是最合适的。需要注意的是,在选择初始缺点的时候,需要经过团队集体充分讨论,达成一致意见后,共同确定出最佳的初始缺点。

确定正确的初始缺点之后,我们就可以根据在《TRIZ:打开创新之门的金钥匙I》中所介绍的建立因果链的步骤以及注意事项,一步一步进行因果链分析了。

我们还是以前面提到的解决油漆溢出问题为例来进行说明,浮标上面黏附油漆是一个显而易见的缺点,相当多的人会把这个缺点作为初始缺点,以此开始建立因果链,或者以此入手来解决问题。在这里我们把它看作起始缺点,如图2.7所示。

图2.7 以浮标黏附油漆作为起始缺点

然后向后推导浮标黏附油漆会带来什么后果,它所带来的后果链包括杠杆不能移动到位→杠杆不能及时关掉开关→开关不能及时关掉电机→电机不能及时关掉泵→泵出油漆过量→油漆溢出→浪费油漆,等等,如图2.8所示。

经过上述推理,我们得到了8个待定的初始缺点,通过综合比较,我们认为油漆溢出更适合作为初始缺点,即让油漆不溢出才是该项目的真正目的,而许多人最开始所认为的防止浮标黏附油漆,并不是项目的真正目的。然后我们就可以以油漆溢出作为初始缺点进行因果链分析了。

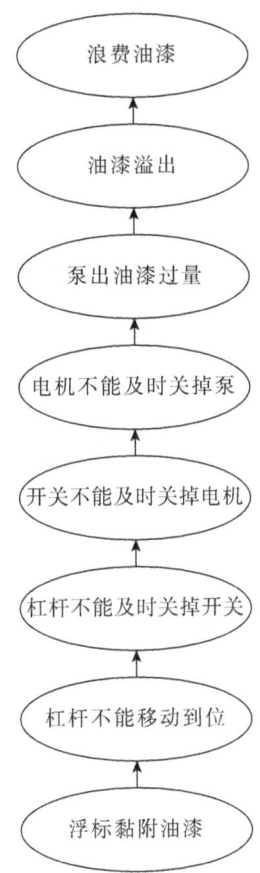

图2.8 通过逐步后推法一步一步推出待定的初始缺点列表

我们再以前面提到的静电问题为例,在该问题中,摩擦起电是一个非常明显的缺点,同样,我们先将摩擦起电作为起始缺点,如图2.9所示。

图2.9 以摩擦起电作为起始缺点

然后运用逐步后推的方法,思考它可能造成什么后果,比如,摩擦起电会造成的后果链包括静电在人体积累→人体带有大量的电荷→人体带有很高的电压→指尖对门把手放电→指尖处瞬间产生大电流→人感到疼→心情不好等，如图2.10所示。

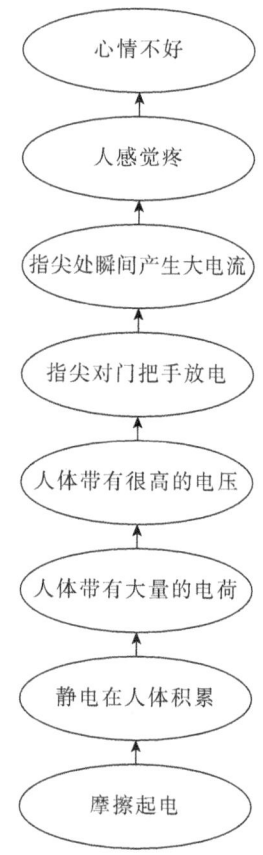

图2.10　静电案例中初始缺点的确定

经过上述推理，我们得到了8个待定的初始缺点，通过综合比较，我们认为人感到疼是我们真正需要消除的缺点，更适合作为初始缺点，而以前很多人所认为的摩擦起电并不是我们真正需要消除的初始缺点。也就是说，让人不会感到疼更适合作为项目的真正目的，而防止摩擦起电并不是项目的真正目的。然后我们就可以以人感到疼作为初始缺点，进行后续的因果链分析了。

需要注意的是，初始缺点的层级不能选择得过高，也不能选得过低。如果初始缺点的层级选得过高，则会使项目的目的与实际上真正所要消除的缺点偏离过大；如果选择过低，则会丧失很多解决问题的机会。

比如在油漆溢出的案例中，如果我们继续用逐步后推的方法，将会发现诸如油漆浪费、成本过高等更多的缺点。如果我们将成本过高作为初始缺点，将会偏离我们项目的目的（因为这个特定的项目的目的并不是降低成本）。而如果选择浮标上黏附油漆作为初始缺点，则会发现项目的范围很小，找不出多少缺点。

再比如，在静电的案例中，如果我们继续用逐步后推的方法，还将会发现诸如心情不好、烦躁等缺点，如果我们将高层级的缺点，如心情不好这个缺点作为初始缺点，也将会背离项目的目的（因为该项目的目的不是为了让我们心情好），所以是不合理的。如果我们选择层级比较低的缺点作为初始缺点，即摩擦起电这个缺点，则会发现在进行因果链分析的时候，底层次的缺点非常少，将会使我们的思维受到局限，与我们对问题进行全面分析、产生更多解决方案的期望背道而驰。

2.5 识别初始缺点的算法

与其他TRIZ工具一样，我们也开发了一套用于识别初始缺点的算法，以帮助项目团队一步一步识别正确的初始缺点。

（1）选择一个起始缺点（缺点N），通常它是一个在项目中非常明显的缺点。

注意：通常，起始缺点并不难找，因为每个项目中都会有至少一个。

（2）通过向后逐步推理，寻找起始缺点N会导致的后果，找到待定的初始缺点$N-1$。

注意：这与建立因果链的方向是相反的，建立因果链的方向是从后向前，而在这里是要从前向后寻找待定的缺点。

（3）重复步骤（2），挖掘出更多的待定初始缺点。

注意：直到找到与项目目的关联不太大的缺点；另外，还要注意，各步之间的跳跃不要过大，要逐步挖掘。

（4）比较上述步骤识别出来的多个待定的初始缺点，选择出正确的初始缺点。

注意：本步骤需要团队一起讨论，达成一致意见，确定共同认可的初始缺点。

（5）用常规因果链分析的方法建立因果链。

注意：后续的步骤和注意事项与在一级培训教材（《TRIZ：打开创新之门的金钥匙Ⅰ》）中所介绍的因果链分析方法完全相同。

2.6 确定初始缺点的注意事项

应用上面提出来的逐步后推法，可协助我们有效地识别出项目中正确的初始缺点，进而确定正确的项目目的，但也应注意以下几点。

（1）初始缺点的确定以及因果链分析是一个团队的工作，而不是单个人的工作。需要经过团队集体充分讨论，达成共识之后才能最终确定。

（2）经过逐步后推法推导出来多个待定的初始缺点之后，需要经过综合评估，初始缺点既不能选得层级过高，也不能选得层级过低。如果选得过高，初始缺点与我们项目的真正目的关联不大；如果选得过低，我们的思维会很受局限，无法开拓思路。

（3）在确定了正确的初始缺点之后，以这个初始缺点为起始点进行因果链分析，但这两个过程并不是完全可逆的。例如，我们确定了缺点$N-P-1$为初始缺点，但缺点$N-P$并不一定是缺点$N-P-1$的直接原因，应该根据因果链分析的规则和注意事项，再次自上而下（自后向前）重新进行分析。

（4）一个项目中可能有不止一个初始缺点，特别是在范围比较大的项目中，或者大型的项目中，但确定初始缺点的方法是相同的。

（5）在确定了正确的初始缺点后，项目团队可以将初始缺点进行反转，看看反转后的初始缺点，是否可以作为项目的目的

2.7 小　　结

本章介绍了一种可以在因果链分析中确定正确的初始缺点的方法，运用本章所提出的逐步后推的方法，可以协助团队一步一步推导出正确的初始缺点，然后在此基础上建立因果链，对于确定项目的目的、项目的范围，以及找到更多的缺点，产生更多的解决方案等方面都具有重要的指导作用。

没有正确的初始缺点，就不可能有正确的因果链分析！

第 3 章

基于过程的剪裁

在《TRIZ：打开创新之门的金钥匙Ⅰ》中，我们介绍了基于装置的功能分析和剪裁。在前文中又介绍了基于过程的功能分析。与基于装置的剪裁类似，也可以对过程进行剪裁。

3.1 定 义

基于过程的剪裁是一种去除（剪裁）过程中的某些操作，但可以保持整个工程系统功能的分析问题的工具。通常可以把某个操作剪裁掉，把这个操作中的有用功能在剩余操作中重新分配。如图3.1所示，我们可以将第1章图1.4所示过程中的操作2去掉，但把它所包含的有用功能2.1和2.2用其他操作（操作3和操作4）代替。

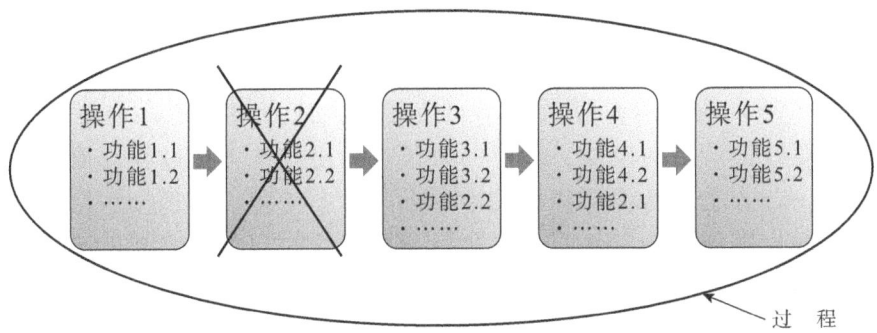

图3.1　将图1.4所示过程中的操作2去掉，将其有用功能用其他操作代替

基于过程的剪裁在现代TRIZ理论体系中的位置如图3.2所示。

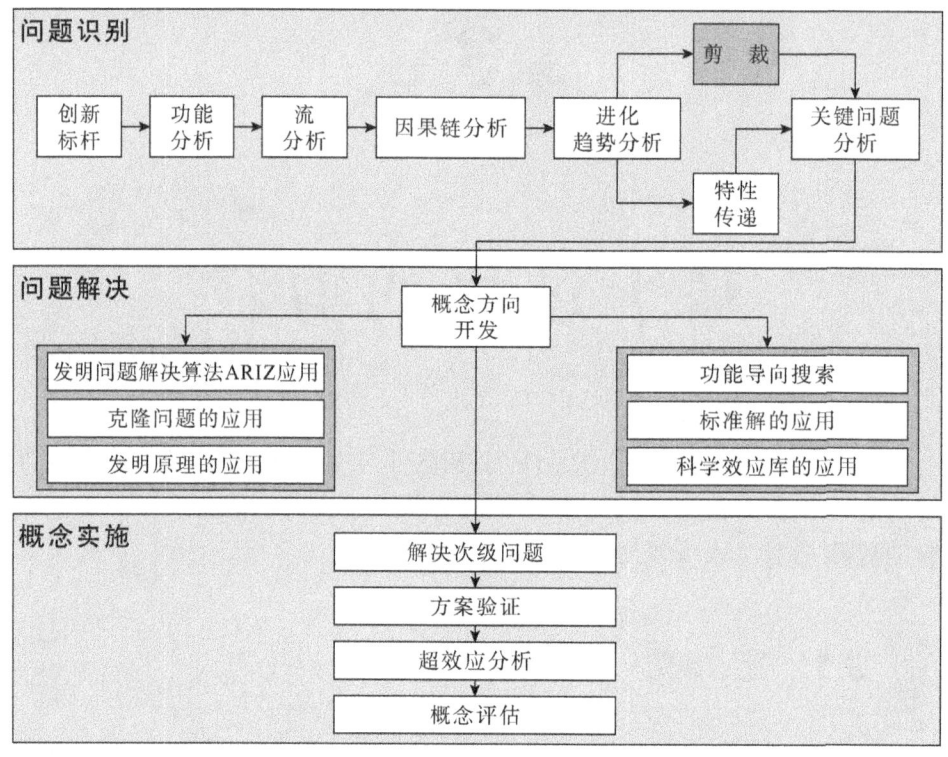

图3.2 基于过程的剪裁在现代TRIZ理论中的位置

3.2 剪裁操作的选择

组成一个过程的操作可能有很多,我们需要选择哪一个操作进行剪裁呢?

很多时候我们需要降低生产制造的成本或者提高产品质量,有的时候需要改进产品的设计,但有的时候也需要改进工艺过程。改进工艺过程的一种方法就是将那些高成本、低效率、耗时长、难操作、容易出问题的操作进行剪裁,从而将工艺过程变得更加简单,但有可能要将这个要剪裁的操作中的有用功能转移到其他剩余的操作之中,或者需要解决剪裁这个操作之后产生的新问题。

在选择需要剪裁的操作的时候,可以借助于现代TRIZ理论中的其他工具来确定:基于过程的功能分析、价值分析及因果链分析等,其中价值分析和因果链分析在《TRIZ:打开创新之门的金钥匙Ⅰ》中已有

3.2 剪裁操作的选择

详细的介绍，基于过程的功能分析在第1章也已有详细的介绍。

（1）基于价值分析得出来的那些价值比较低的操作（功能得分比较低，但成本又比较高的操作），可以考虑将其剪裁掉。

（2）基于功能分析所得到的那些包含有带缺点的功能的操作（例如某个操作中含有有害的功能、不足的功能或者过量的功能等），可以考虑将其剪裁掉。

（3）运用因果链分析得到的那些造成关键缺点的操作，可以考虑将其剪裁掉。

需要注意的是，基于过程的剪裁要以基于过程的功能分析为基础，即要进行剪裁之前需要对过程进行功能分析。在没有进行功能分析之前，不能盲目进行剪裁。

例如，在飞机下降的过程中，有释放起落架的操作，但这个操作经常发生起落架无法释放或者无法释放到位等故障，从而造成人员伤亡和飞机失事的事故。起落架的重量往往达数吨，并且只是在起飞和降落的时候使用，在飞行过程中其实并不需要，白白增加了飞机重量并占据了宝贵的空间，增加了飞行过程中的油耗。空中客车和中国商飞等企业的工程师提出了无起落架飞机的概念（图3.3），将起降系统归属于飞机跑道之中，即在跑道上设置一个可以高速运动的托架，飞机可以从托架上起飞，也可以降落在托架上。在飞机起飞和降落的过程中，通过电子系统自动使飞机和托架同步，完成安全起飞和降落。国际航空运输协会（IATA）把无起落架飞机列入了未来技术发展路线图，预计在2030年后有望投入实施。省去起落架系统后，飞机的燃油效率可提高10%～20%。采用这种无起落架设计，就可以将释放起落架这个容易出问题的操作剪裁掉。

图3.3　无起落架飞机的概念图

3.3 剪裁规则

与基于装置的剪裁类似，基于过程的剪裁也有一些剪裁规则，但两者不同的是，基于装置的剪裁规则比较少，仅有三条剪裁规则，而且对于不同类型的有用功能（基本功能、附加功能和辅助功能），剪裁规则都是相同的，而基于过程的剪裁则相对比较多，而且对于包含不同类型的功能（生产功能、条件功能和矫正功能）的操作来说，剪裁规则是不一样的。下面，将分别介绍三种不同类型的基于过程的功能操作的剪裁规则。

3.3.1 包含生产功能的操作的剪裁规则

如果将要被剪裁的操作中包含生产功能，则相应的剪裁规则有以下三条。

（1）将被分析生产功能的对象从系统中去除，则包含该生产功能的操作可以被剪裁（图3.4）。

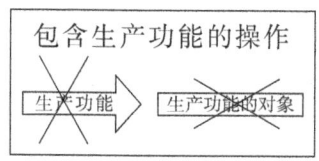

图3.4 被分析生产功能的对象从系统中去除，则这个操作可以被剪裁

例如，在手机的装配中，有"安装听筒"这一操作。在"安装听筒"这一操作中，有"固定听筒"的功能。由于"固定听筒"这一功能所产生的结果在最终产品，即手机成品中可以被观察到，因此它是生产功能。但执行"固定听筒"这一功能时会导致密封不良等问题，而且听筒也会在屏幕占据太大的面积，影响美观（图3.5）。

现在许多手机生产厂商，比如vivo的工程师采用屏幕振动发声（图3.6），从而去掉了听筒。因为"固定听筒"这一功能的对象——听筒被去掉，"安装听筒"这一操作就可以被剪裁掉了。

（2）执行被分析生产功能的必要性没有了，则包含该生产功能的操作可以被剪裁（图3.7）。

3.3 剪裁规则

图3.5 听筒的密封不好，会带来许多问题

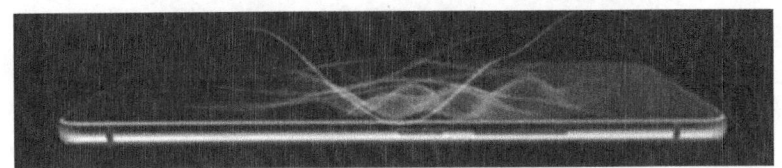

图3.6 剪裁掉听筒后用屏幕发声，就不需要安装听筒这一操作了

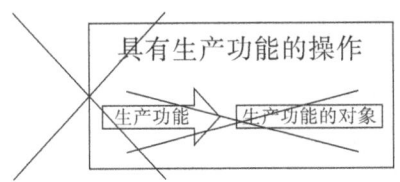

图3.7 执行被分析生产功能的必要性没有了，则这个操作可以被剪裁

例如，我们要将某些东西粘接起来，需要用到"涂胶"这一操作。在"涂胶"这一操作中，有"涂布胶水"这一生产功能。因为在最终产品中能够发现这一功能所产生的结果——均匀的胶水。但当执行"涂布胶水"这一功能的时候会因为胶水粘在手上而弄脏我们的手。如果我们用胶带而不是胶水来实现粘接，则"涂布胶水"这一功能就没有必要了。因此，"涂胶"这一操作就可以被剪裁掉了，如图3.8所示。

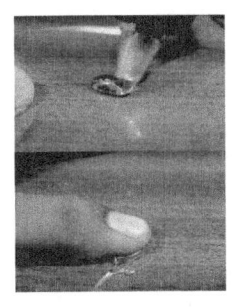 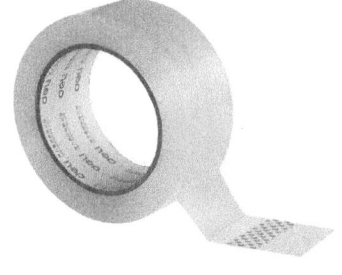

图3.8 胶带使涂布胶水功能的必要性没有了，则涂胶这一操作可被剪裁

再比如，装配汽车的时候，有"安装消音器"这一操作，在这一操作中有"螺丝固定消音器"这一功能。如果装配的是跑车，往往是噪声越大越受购车者青睐，所以就不需要消音了，"固定消音器"这一功能就没有必要了，因此"安装消音器"这一操作就可以被剪裁。

（3）被分析生产功能转移到前置或后置的操作中，则包含该生产功能的操作可以被剪裁（图3.9）。

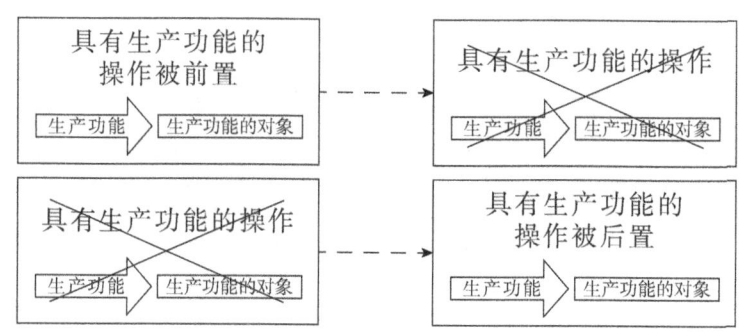

图3.9 被分析生产功能转移到前置或后置的操作，则这个操作可以被剪裁

例如，有些家庭在家中自制羊肉串，需要将一定厚度的羊肉片切为小肉块，然后将这些小肉块按顺序穿在铁签子上，但这种操作费时费力，如何提高穿羊肉串的效率呢？

如图3.10所示，传统的穿羊肉串的过程分为以下操作：先将肉切成

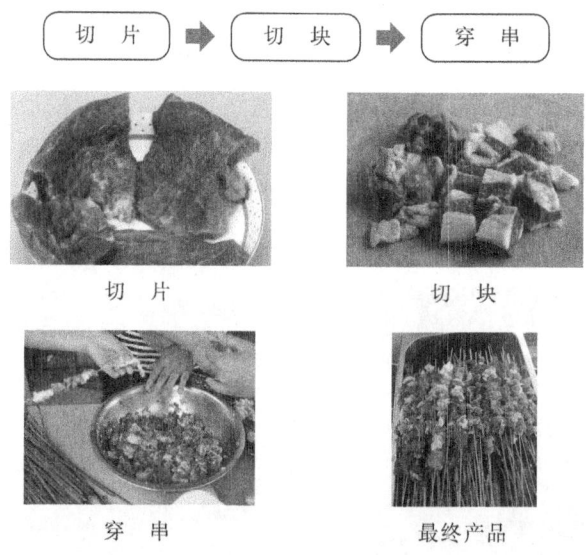

图3.10 传统的穿羊肉串的过程

片，再将肉片切成小块，最后将小肉块穿在铁签子上。

如图3.11所示，可以将第二个操作——切块剪裁掉，将其后置到穿串之后，即先将羊肉切片，再将这些薄片叠放在一起，然后借助穿串器逐根将铁签（或竹签）穿入羊肉片中，最后再用刀将肉片切成小肉块。

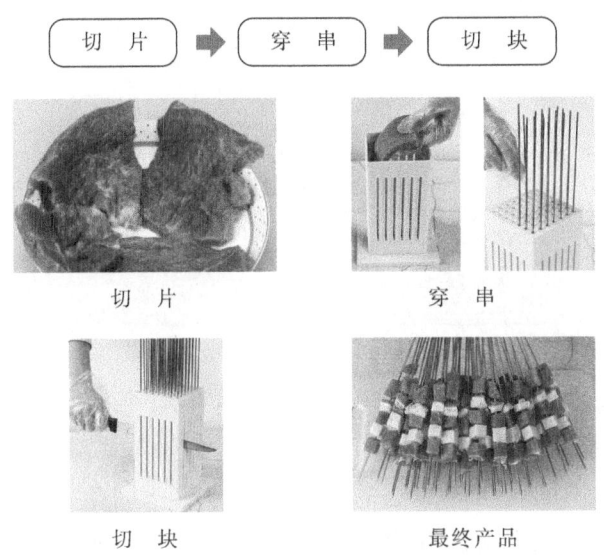

图3.11　用穿串器制作羊肉串的过程

借助穿串器这一简单的工具，可以大幅度提高穿羊肉串的速度。

3.3.2　包含条件功能的操作的剪裁规则

如果将要被剪裁的操作中包含条件功能，则相应的剪裁规则有四条，它们分别是：

（1）需要条件功能的操作被剪裁，则包含该条件功能的操作可以被剪裁（图3.12）。

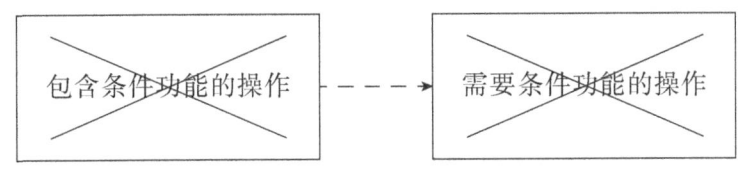

图3.12　需要条件功能的操作被剪裁，则包含该条件功能的操作可以被剪裁

例如，对于饮用水来说，需要将水中的细菌等除掉。常规的方法是将水煮沸，通过高温将细菌杀死，然后将水的温度降下来之后再饮

用,如图3.13所示。在这一过程中,有一个操作是"高温加热",在这个操作中,有一个"加热水"的条件功能。这个功能所产生的结果在最终产品中并不能被观察到,没有证据证明人喝到嘴里的水是否被加热过。但这种方法的能耗非常高,成本很高。

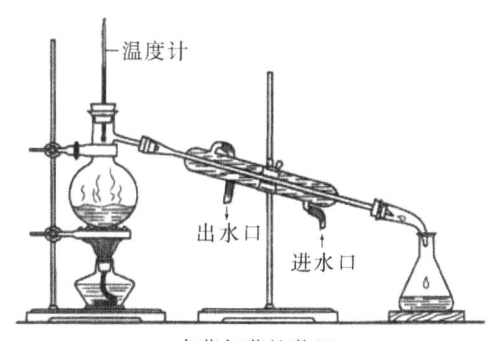

图3.13　水蒸气蒸馏装置

可以将含有"加热水"这一条件功能的操作"高温加热"进行剪裁,矿泉水采用的就是膜过滤的方法除菌,它不同于常规的高温杀菌的方法,而是在常温下运用膜将细菌等过滤掉,只有水和微量矿物质能够通过,如图3.14所示。由于这种方法并不是真正意义上的杀死细菌,而是过滤掉这些细菌,因此,就不需要高温加热了。这种过滤的方法能耗低,成本不高,而且不像常规的高温处理方法,虽然能杀死细菌,但同时也使水中的矿物质结垢析出了,对身体并不见得有利。

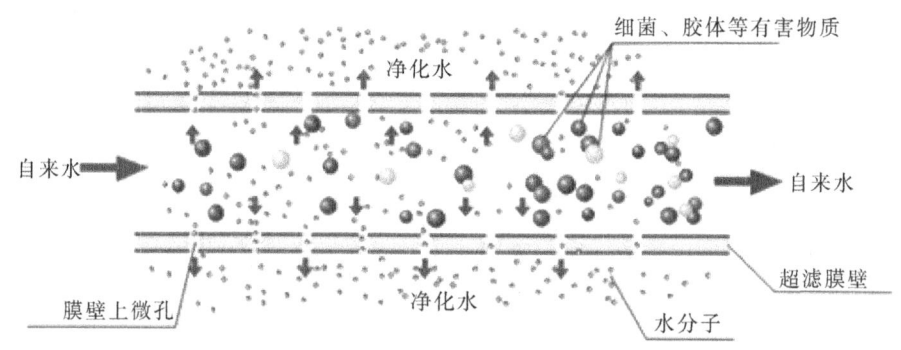

图3.14　采用膜过滤的方法除菌

(2)被支持的操作被改变,不再需要这个条件功能,则包含该条件功能的操作可以被剪裁(图3.15)。

3.3 剪裁规则

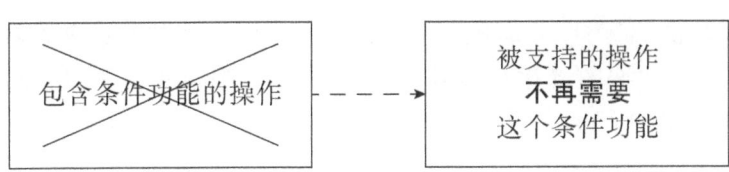

图3.15 被支持的操作不再需要这个条件功能，则包含该条件功能的操作可以被剪裁

在第1章"基于过程的功能分析"中，我们介绍了炒菜这一过程的功能分析。其中有一个操作是"解冻"。"空气加热冻肉"是一个条件功能，因为在最终产品中并没有证据证明肉是否被空气加热过。"解冻"这一操作耗费时间特别长，虽然有人采用把冻肉放在水里来加速解冻，或者用微波炉来解冻，但这样解冻的效果并不理想，而且还会影响肉的品质，如图3.16所示。因此我们希望将这一操作进行剪裁，以节省做饭的时间。

图3.16 常规的解冻方法耗时较长且效果差

"空气加热冻肉"这一功能的目的是为了后续的操作——"制备肉丝"。如果"制备肉丝"这个后续的操作不再需要"空气加热冻肉"这一功能的支持，则"解冻"这一操作就可以被剪裁掉。那么就会产生一个新的问题，即如何有效地切割冻肉。如图3.17所示，如果我们采用专门用于切冻肉的带锯齿的刀或者用于切割冻肉或者排骨的铡刀，将非常容易对冻肉进行切割，切割后再制备肉丝就非常容易了，因此不需要

图3.17 采用带齿的刀或铡刀直接切割冻肉就可以剪裁掉解冻操作

"空气加热冻肉"这一功能,"解冻"这一操作也就可以剪裁掉了。

（3）被支持的操作自身执行条件功能,则包含该条件功能的操作可以被剪裁（图3.18）。

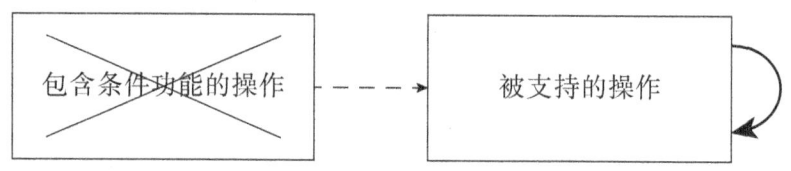

图3.18 被支持的操作自身执行条件功能,则这个操作可以被剪裁

例如,有一种可以自由编码的印章（图3.19）,根据需要调整滚轮以盖出所需要的数字编码。这种印章被用作价格标签、日期戳等都非常方便。如果需要调整出新的信息,只要转动相应的滚轮就可以了。在这个过程中有一个"调整数字"的操作,在这个操作中有一个"转动滚轮"的条件功能。因为在最终的油墨码上,并没有证据证明滚轮曾经被转动过。转动的目标是为了后续的"盖戳"这一操作,只有"调整数字"到位了,才能完成后续的"盖戳"操作。如果这个可以调整的印章需要频繁调整,比如在开会的时候发放会议手册等,这些会议手册需要被打上编号,每一本的编号都不同,而且有顺序。如果对滚轮进行反复调节,将是一件非常烦琐的工作。

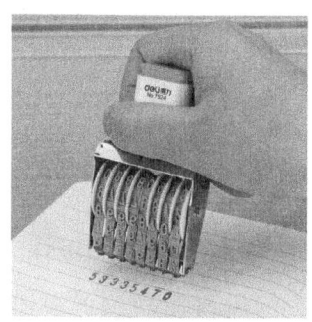

图3.19 常规的需要编码的印章需要频繁调整滚轮,很烦琐

可以将包含比较烦琐的"滚动滚轮"这一条件功能的"调整数字"这一操作进行剪裁,而将"转动滚轮"这一功能由"盖戳"这一操作自己来执行。自动号码机可以在"盖戳"这一操作中同时实现"转动滚轮"这一功能。当完成一次盖戳后,滚轮自动被调整到下一数字,这样就不需要烦琐而且效率低下的"调整数字"这一操作了,如图3.20所示。

3.3 剪裁规则

图3.20 转动滚轮的功能由盖戳操作来实现，就不需要调整数字的操作了

（4）被分析的条件功能被转移到前置或后置的操作中，则包含该条件功能的操作可以被剪裁（图3.21）。

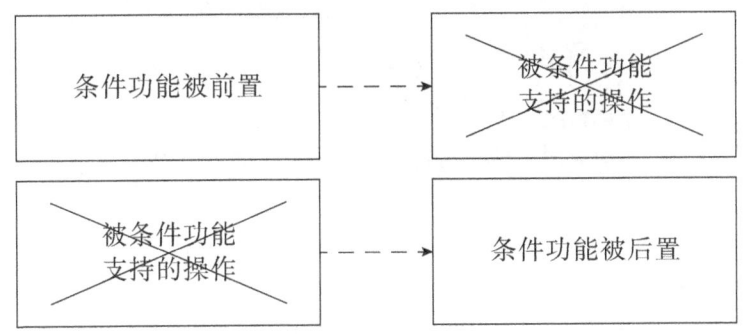

图3.21 被分析的条件功能被转移到前置或后置的操作中，则这个操作可以被剪裁

例如，在将海鲜从渔船上运输到餐馆这一过程中，为了保持新鲜，就需要用到"冷冻加工"这一操作。冷冻加工通常是在冰库中完成的，然后再由冷藏车运输到各地的餐馆，如图3.22所示。在这一操作中有一个非常重要的条件功能，即"冷冻海鲜"，由于最终客户无法判断吃到嘴里的

图3.22 海边的冷库

海鲜是否被冷冻过,因此这个功能就是条件功能。但在冷库中"冷冻加工"这一操作时间比较长,还会影响海鲜的品质。

可以将"冷冻加工"这一操作进行剪裁,而将这一操作后置到运输操作中,也就是说,直接将上岸的海鲜装到冷藏车中,在运输的过程中实现"冷冻海鲜"的功能,如图3.23所示。

图3.23　海鲜冷藏车

也可以将"冷冻海鲜"这一功能进行前置,前置到"打鱼"这一操作中,即将冷库设置到船上,完成捕捞后直接将海鲜放到船上的冷库进行冷冻,如图3.24所示。

图3.24　海鲜冷藏船

3.3.3 包含矫正功能的操作的剪裁规则

如果将要被剪裁的操作中包含矫正功能,则相应的剪裁规则有七条,它们分别是:

(1)产生缺陷的操作被去除,则包含该矫正功能的操作可以被剪裁(图3.25)。

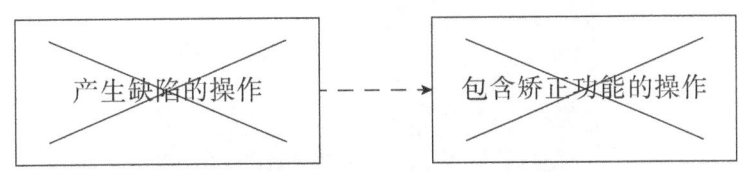

图3.25 产生缺陷的操作被去除,则这个操作可以被剪裁

例如,建筑工地或者加工厂,需要对钢筋进行热弯处理(图3.26),即在将钢筋进行弯曲前需要对钢筋进行"热处理"操作,在这个操作中有一个条件功能就是"加热钢筋",降低钢筋的硬度,然后将钢筋弯曲到特定形状,但将钢筋折弯后短时间内无法进行后续操作,因为钢筋的温度短时间无法降下来,会影响工作的效率,而且可能会烫伤操作者。钢筋中残存的热量就成了后续操作中的缺陷。

图3.26 热弯处理

为了消除这个缺陷,需要有一个包含矫正功能的操作——"冷却"。在"冷却"操作中,"空气冷却钢筋"这一功能就是要将热量这一缺陷去除,因此"空气冷却钢筋"就是矫正功能。而产生"热量"这个缺陷的操作就是热处理,如果我们将产生"热量"这个缺陷的操作——"热处理"去掉,那么就可以不需要这个包含"空气冷却钢筋"矫正功能的"冷却"操作了。

可以采用冷弯的方法，在冷弯工艺中不需要进行"热处理"，自然也不会产生热量这一缺陷，也不需要"冷却"这一耗时较长的操作。这不但可以提高工作效率，而且由于不需要加热设备，从而使操作变得更加简单，如图3.27所示。

图3.27　冷弯处理

（2）产生缺陷的操作被改变，这个操作不再产生缺陷，则包含该矫正功能的操作可以被剪裁（图3.28）。

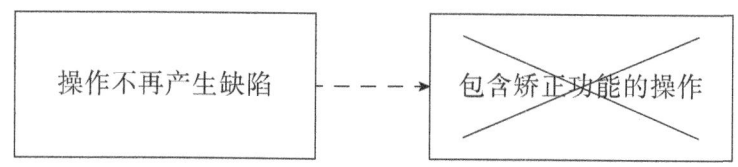

图3.28　产生缺陷的操作被改变，这个操作不再产生缺陷，则这个操作可以被剪裁

例如，在用机械的方法切割金属管道或者板材的时候，经常会产生毛边。这些毛边比较粗糙，在后期操作的时候会危害操作者，或者影响后续操作，导致产品质量下降。因此通常用打磨的方法将这些毛边去除。在这个过程中，有一个产生缺陷（毛边）的操作就是"切割"，还有一个将缺陷（毛边）去掉的操作就是"打磨"。"打磨"这个操作中有一个矫正功能，就是"去除毛边"，如图3.29所示。

如果我们把产生缺陷的操作进行调整，让"切割"这个操作不再产生毛边，则后续就不再需要"打磨"这个矫正操作了。

可以将金属切割改为水切割或者激光切割。水切割或激光切割之后的端面非常光滑平整，不会产生毛边这个缺陷，因此也就不需要再进行后续"打磨"这个操作了。作为矫正功能的"打磨"操作就可以被剪裁掉了，如图3.30所示。

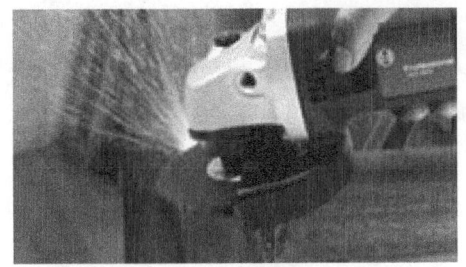

(a) 切割金属管道　　　　　　(b) 打磨去除毛边

图3.29 切割金属管道及打磨去除毛边

(a) 水切割　　　　　　(b) 激光切割

图3.30 水切割或激光切割不会产生毛边，则打磨操作可以被剪裁

（3）产生缺陷的操作被改变，产生其他（安全）参数的缺陷。这种情况下，缺陷不再是同一个缺陷，不再需要通过矫正功能进行消除，则包含该矫正功能的操作可以被剪裁。

某些矫正功能的目的是去除前面某些操作中所产生的缺陷，但如果这些缺陷不再认为是缺陷，也就是说这个缺陷的参数是可以接受的，甚至这个缺陷反而成了卖点，那么后续的矫正功能就没有必要了，因此可以被剪裁掉（图3.31）。

图3.31 操作所产生的缺陷不再被认为是缺陷，包含矫正功能的操作就可以被剪裁

例如，在洗衣粉的生产过程中，通常大体上有以下几个操作：

① 配料，即将表面活性剂和助剂调制成具有一定比例、一定黏度的浆料。

② 喷雾干燥，浆料在高压泵和喷射器的作用下形成雾液滴，然后在200～300℃的热空气作用下，短时间内将水分迅速蒸干，形成洗衣粉颗粒（图3.32）。

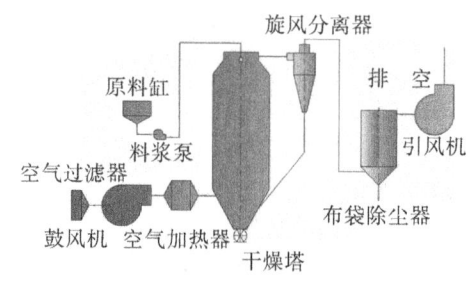

图3.32 高温喷雾干燥形成洗衣粉

③ 冷却，将高温的颗粒进行冷却。

④ 包装，将洗衣粉颗粒填入包装袋中，进行封装。

在"配料"操作中加入的水分会对后续操作，比如"包装"操作造成不良的影响，所以需要将浆料中的水分去掉。在洗衣粉制作过程中的"喷雾干燥"操作中，有一个矫正功能就是"去除水分"。但为了执行"去除水分"这个功能，需要将空气加热到200～300℃，会产生大量能耗。如果将"喷雾干燥"这一步骤剪裁掉，将节省大量能源，生产成本也会相应降低。

洗衣液的生产过程中避免了使用"喷雾干燥"这一操作，最终产品中含有大量的水分，约占80%。在洗衣液这个产品中，虽然有大量水分，但这些水分已经不再被认为是缺陷，而是产品的一个重要特征。因此，包含"去除水分"这一矫正功能的"喷雾干燥"操作就可以被剪裁掉了。由于洗衣液中的大量水分没有被去除，由此可以节省90%以上的能耗，生产成本大幅降低，而且使用的时候也能够非常快地溶入水中（图3.33）。

（4）被缺陷损害的操作被剪裁，则包含该矫正功能的操作可以被剪裁（图3.34）。

例如，在家中做饭这一过程中，吃完饭后需要执行"刷盘子"这一操作。这一操作费时费力，而且还不易洗干净，所以许多人并不愿意洗盘子，如图3.35所示。在这一操作中有一个重要的功能是"去除（盘子上的）污渍"。"污渍"是缺陷，会对我们未来的操作有损害，比如会使盘子滋生细菌等，因此，"去除污渍"这个功能就是矫正功能，它所影响的是后续存储盘子的操作。

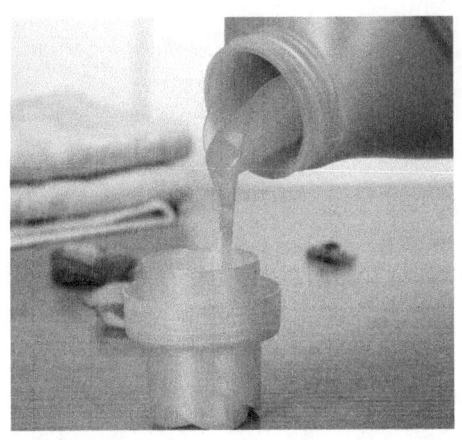

图3.33 在洗衣液中,水不再是缺陷,而是产品的一部分

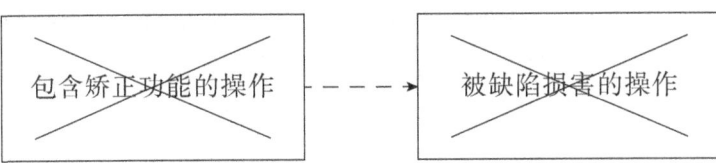

图3.34 被缺陷损害的操作被剪裁,则这个操作可以被剪裁

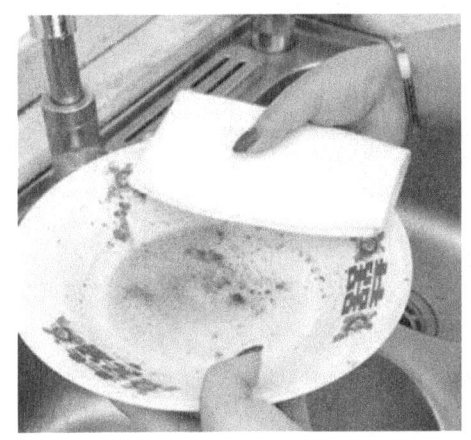

图3.35 常规洗盘子费时费力而且不易洗干净

如果我们所用的盘子是一次性盘子,用完后直接丢弃,就不需要"存储"这个操作了。由于被损害的操作"存储"没有了,也就不需要再执行"刷盘子"这个操作了(图3.36)。

图3.36　一次性餐具的使用可以允许我们剪裁洗盘子操作

（5）被缺陷损害的操作被改变，变得不再敏感。这种情况下，缺陷不再是一个缺陷，不再需要通过矫正功能进行消除，则包含该矫正过程的操作可以被剪裁（图3.37）。

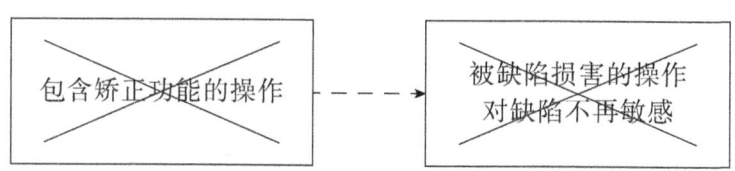

图3.37　被缺陷损害的操作被改变，变得不再敏感，这样这个操作可以被剪裁

例如，在某些催化剂的制备过程中，需要在马弗炉中进行高温煅烧，催化剂样品从马弗炉中取出后，必须有一个"降温"操作，因为如果温度过高，会影响后续的操作，比如需要将样品转移到另外一台设备中进行其他处理（破碎、研磨等操作）。"转移"这一操作就是被"高温（热量）"损害的操作，如图3.38所示。在"降温"操作中，需要将过高的温度降下来，也就是说它执行了一个"去除热量"的矫正功能。

如果我们对后续的"转移"操作进行处理，在执行"转移"这一操作时戴上耐高温手套，那么就不需要"降温"这一含有矫正功能的操作了。因为"转移"操作对于高温这一缺陷不再敏感，甚至高温已经不再成为一个缺陷了，如图3.39所示。

（6）操作的矫正功能转移到产生缺陷的操作，则包含该矫正功能的操作可以被剪裁（图3.40）。

3.3 剪裁规则

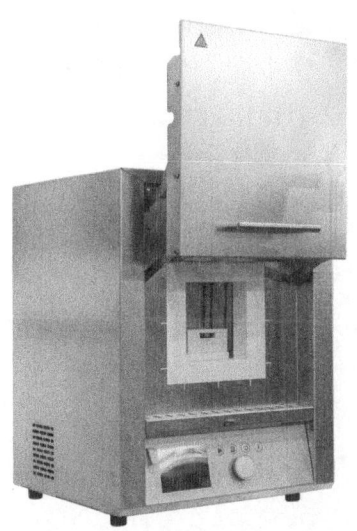

图3.38 马弗炉中取出的高温样品会烫伤操作者

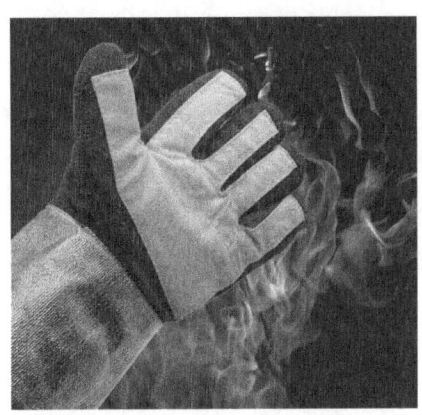

图3.39 戴上耐高温手套可以直接对高温样品进行操作

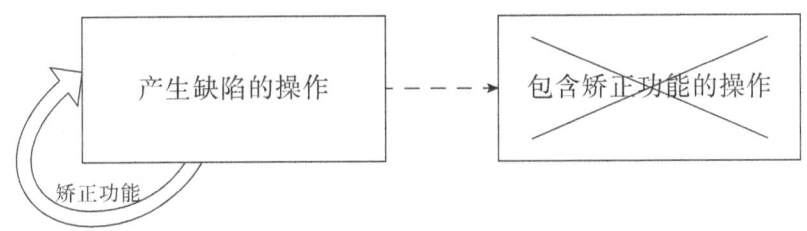

图3.40 操作的矫正功能转移到产生缺陷的操作,则这个操作可以被剪裁

在进行房屋装修的时候,需要对墙壁进行打磨,但打磨过程中会产生大量粉尘(图3.41),这些粉尘对于人体和环境都是不好的,也就

是说粉尘对未来操作来说是缺陷。因此，需要有一个"清扫灰尘"的操作，在"清扫灰尘"的操作中有一个"去除粉尘"的矫正功能。但这个操作往往是在"打磨"这个操作过程之后，在执行"打磨"这个操作的过程中，很难对人体有很好的保护。

图3.41　打磨操作中产生灰尘，需要清扫

可以将"去除粉尘"这个矫正功能转移到产生"粉尘"这个缺陷的操作即"打磨"中，用大功率吸尘器直接将"打磨"操作中产生的粉尘吸入集尘袋中，就不会再有粉尘漫布在环境中了。即在"打磨"这个产生缺陷的操作中将"粉尘"这个缺陷去除掉，也就不需要一个单独的"清扫灰尘"操作了，从而避免了对人体的危害，也提高了效率，如图3.42所示。

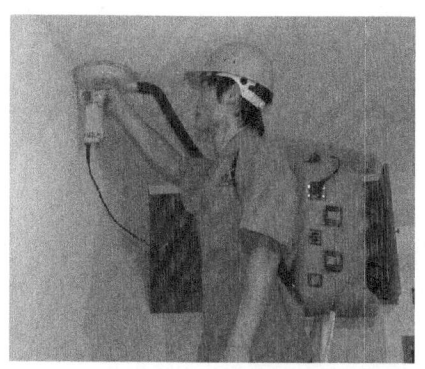

图3.42　打磨过程中产生的粉尘同时被除掉

（7）被分析的矫正功能被转移到前置或后置的操作中，则包含该矫正功能的操作可以被剪裁（图3.43）。

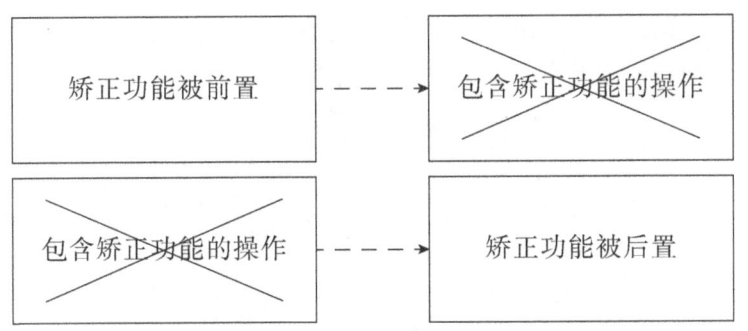

图3.43 被分析的矫正功能被转移到前置或后置的操作中,则这个操作可以被剪裁

例如,在进行高温食品(粽子、香肠等)包装的过程中,需要有以下操作。

① 高温处理:对食品进行高温处理。
② 降温处理:对食品进行降温处理,冷却到塑料袋能够承受的温度。
③ 包装:用塑料袋对食品进行包装。

其中,"降温处理"中的"冷却食品"就是一个矫正功能,因为需要去除食物中残留的"热量"这个缺陷。如果食物的温度太高将会损坏后续"包装"操作中的塑料袋,如图3.44所示。但"降温处理"这个操作所需时间太长,会影响生产效率,虽然有些厂家采用风冷等方式,但会使加工过程复杂度增加。

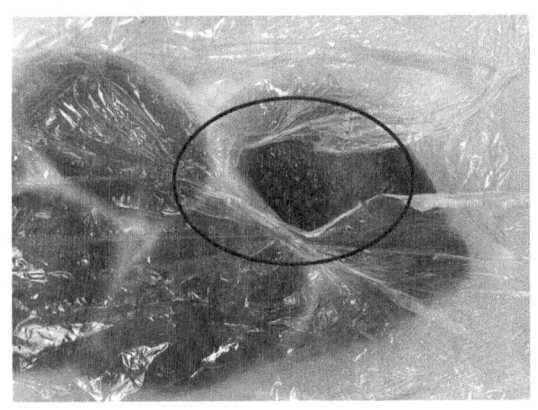

图3.44 高温食品烫坏塑料袋

如果采用耐高温的食品包装袋,则可以直接将高温食品装入塑料袋中,将"降温处理"这个操作后置,即将高温食物放入到耐高温的塑料袋中,然后慢慢降温,如图3.45所示。相应的过程也就变成了高温处

理→包装→降温处理。由于降温处理是最后一步，所以可以放到仓库中或者运输操作中慢慢降温，从而提高了生产效率。

图3.45　可以将高温食品放入耐高温的塑料袋中慢慢降温

3.4　实施基于过程的剪裁的算法

与现代TRIZ理论中的各工具类似，基于过程的剪裁也有它的算法，指导我们一步一步地实施对操作的剪裁。

（1）确定研究对象的范围，即我们所要研究的过程。

（2）对过程进行功能分析，分析出各个操作中的功能。

（3）确定需要剪裁的操作，通常是具有某些缺点的操作，这些缺点包括耗时比较长、能耗比较高、成本比较高或者包含有害、不足或过量的功能等。

（4）确定操作中功能的类型。

（5）运用不同类型的功能的剪裁规则对待剪裁的操作实施剪裁。

（6）找新的操作来执行这个功能，剪裁之后的过程中通常会面临新的问题。

（7）运用TRIZ理论中解决问题的工具解决剪裁后所产生的新问题。

3.5 实例：双功能催化剂合成

现在尝试针对前面提到的双功能催化剂项目中遇到的有问题的操作进行剪裁。由基于过程的功能分析可知，有几个操作中的功能执行得不足，我们可以尝试将这些操作进行剪裁，下面仅展示部分剪裁的情形。

1. 情形1

剪裁"干混"操作（图3.46）。由于在"干混"这一操作中，颗粒的粒度及密度差造成了混合不均匀，导致后续操作中一直存在这个问题。因此，我们可以尝试对"干混"这一操作进行剪裁。在这一操作中，有一个非常重要的生产功能，即搅拌（催化剂A和黏结剂B的）混合物。我们可以运用生产功能中的剪裁规则（3），即把"搅拌混合物"这一功能后置。研发团队产生了在"湿混"这一操作中执行这一功能的想法，即先将黏结剂B与水和浓硝酸进行反应，形成黏结剂B的胶体，然后再加入催化剂A粉末，继续进行搅拌，从而有效避免催化剂A的分布不均匀问题，如图3.47所示。

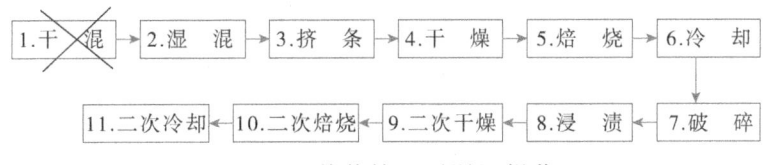

图3.46 剪裁掉"干混"操作

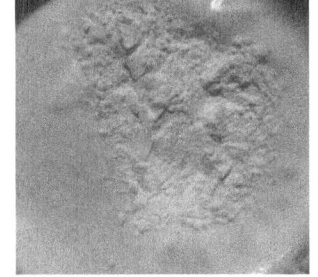

图3.47 先形成黏结剂胶体，再将催化剂A粉末混入

2. 情形2

剪裁"干混"操作。将催化剂A与水混合形成浆料,黏结剂B与浓硝酸反应也形成浆料,将两种浆料混合在一起,并进行搅拌。这样,也可以把催化剂A与黏结剂B混合得非常均匀。在最终产品中催化剂A的分布非常均匀,如图3.48所示。

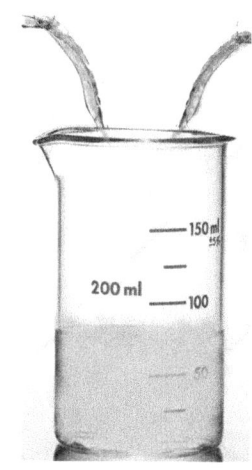

图3.48 将A和B分别形成浆料,然后再以液体的形式混合在一起

3. 情形3

剪裁"干混"和"湿混"两个操作(图3.49)。由于"干混"和"湿混"两个操作均存在混合不均匀的问题,可以尝试将这两个操作一并进行剪裁。但这两个操作同样有重要的生产功能,即"搅拌(形成)混合物C"。同样可以运用生产功能中的剪裁规则(3),即将"搅拌(形成)混合物C"的功能后置到挤条之后,先将黏结剂B成型为条状,或者购买商业化的固态条状黏结剂,把有催化活性的分子筛(催化剂A)放入到晶化釜中,让分子筛生长在条状黏结剂的表面,然后再干燥焙烧,再把有催化活性的金属(催化剂B)通过浸渍的方法附载在条状黏结剂B上,再进行二次干燥、二次焙烧。由于有效的化学反应只存

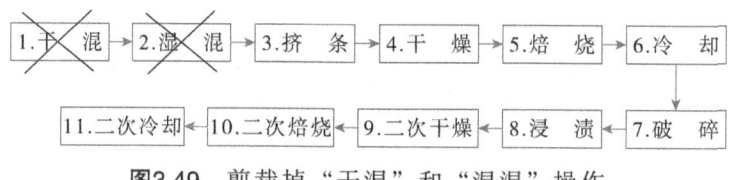

图3.49 剪裁掉"干混"和"湿混"操作

在于最终催化剂P的表面,基于这一方法制作的催化剂能更节省原料,从而有效地降低成本。

当然,研发团队还用其他剪裁情形以及运用TRIZ理论的其他工具共产生了26个想法。团队对部分具备实施条件的想法进行了验证,结果表明,新的催化剂的转化率比传统方法制备的催化剂提高了10%以上,同时能耗成本大幅降低、催化剂寿命延长,而且还去掉了催化剂合成过程中的大量不必要环节,简化了工艺路线,共提交了6篇专利申请。这一项目中所产生的解决方案还可以被广泛应用于其他类型的催化剂合成之中,具有重要的指导意义。

3.6 基于过程的剪裁规则列表

基于过程的剪裁规则列表如表3.1所示。

表3.1 基于过程的剪裁规则列表

功能类型	剪裁规则	数 量
生产功能	(1)被分析生产功能的对象从系统中去除	3
	(2)执行被分析生产功能的必要性没有了	
	(3)被分析功能转移到前置或后置的操作中	
条件功能	(1)需要条件功能的操作被剪裁	4
	(2)被支持的操作被改变,因此不再需要这个条件功能	
	(3)被支持的操作自身执行条件功能	
	(4)被分析的条件功能被转移到前置或后置的操作中	
矫正功能	(1)产生缺陷的操作被去除	7
	(2)产生缺陷的操作被改变,这个操作不再产生缺陷	
	(3)产生缺陷的操作被改变,产生其他(安全)参数的缺陷,缺陷不再是一个缺陷,不再需要通过矫正功能进行消除	
	(4)被缺陷损害的操作被剪裁	
	(5)被缺陷损害的操作被改变,变得不再敏感,缺陷不再是一个缺陷,不再需要通过矫正功能进行消除	
	(6)操作的矫正功能转移到产生缺陷的操作	
	(7)被分析的矫正功能被转移到前置或后置的操作中	

3.7 小　结

本章介绍了现代TRIZ理论中一个非常重要的工具——基于过程的剪裁，与《TRIZ：打开创新之门的金钥匙Ⅰ》中介绍的基于装置的剪裁方法类似，它也是一个分析、识别问题的工具，是将组成过程的一系列操作中的某一个或某几个操作去掉，但仍能保持工程系统的功能的方法，通常可以通过把这个/些操作所执行的有用功能用其他操作保留下来。基于过程的剪裁规则与基于装置的剪裁规则（所有功能类型的剪裁规则都相同）的不同之处在于，不同的过程功能类型有不同的剪裁规则。对过程中某些操作进行剪裁后，往往会产生新的问题，这些新的问题可以运用现代TRIZ理论中的其他工具进行更加深入的分析和解决。

第 4 章

特性传递

在《TRIZ：打开创新之门的金钥匙Ⅰ》一书中，介绍了特性传递的基础知识，但比较浅显，只介绍了一些基本思想。本章将更加详细、全面地介绍特性传递。

4.1 一个简单的例子

俗话说，萝卜白菜各有所爱。我们通常吃的是萝卜的根，而萝卜的叶子对我们来说是不需要的。我们通常吃的是白菜的叶子，白菜的根对我们来说也是不需要的。如果能够培育出一种新的物种，这种新物种同时具有萝卜的根和白菜的叶子，则这个新物种就兼具了二者的优点，避免了二者的缺点。

工程系统也是一样的，任何一个工程系统都有它的优点和缺点，如果我们能够开发出一种类似的新的工程系统，这个新的工程系统具备多个工程系统的优点，并从多个工程系统中取长补短，自然就避免了各系统的缺点。在很多项目中我们都可能遇到这种情况，目前已有的工程系统A具备某些优点（+C），但也存在着某些缺点（–D），而我们对于缺点（–D）并不满意，所以需要改进。我们称这个工程系统A是待改进的工程系统，而另外一个工程系统B虽然有缺点（–C），但其具有的优点（+D）恰好克服了工程系统A中存在的缺点（–D），换句话说，工程系统B具备了解决工程系统A的缺点（–D）所需要具备的优点（+D），那么就可以把工程系统B中具备改进工程系统A所需要的优点（+D）的特性F集成到待改进的工程系统A之中，从而使改进后的工程系统也具备了所需要的优点（+D），克服了原来的缺点（-D），使得改进后的工程系统S兼具二者的优点（+C）和（+D）。具体工作原理如表4.1所示。

表4.1　特性传递工作原理

判断标准＼工程系统	工程系统A	工程系统B	改进后的工程系统S
标准C	+C	-C	+C
标准D	-D	+D	+D

例如，电脑中的机械硬盘存储量大，但读写的速度比较慢，严重地限制了整个电脑系统的运行速度，突出体现在电脑开机速度较慢上，造成了较差的客户体验。而另外一种基于闪存的固态硬盘读写速度特别快，但缺点是相对于机械硬盘而言，存储量太小。也就是说，固态硬盘的优点（读写速度快）恰好克服了机械硬盘的缺点（读写速度慢），即机械硬盘运行速度方面的缺点，恰好是固态硬盘的优点。我们把机械硬盘设定为待改进的工程系统，那么就可以把固态硬盘中读写速度快的优点集成到机械硬盘之中，将二者集成在一起，形成改进后的工程系统即混合型硬盘。这种混合型硬盘将开机启动所需要的系统文件等放在固态硬盘之中，而将其他大的、重要的文档文件存储在机械硬盘之中，这样混合型硬盘就同时具备了机械硬盘存储容量大和固态硬盘读写速度快两个优点，如图4.1所示。

(a) 机械硬盘　　　　(b) 固态硬盘　　　　(c) 混合型硬盘

图4.1　混合型硬盘兼具机械硬盘大容量和固态硬盘速度快的优点

4.2　特性传递

特性传递指的是对具有完全相反优缺点，但具有相同或类似主要

4.2 特性传递

功能的几个工程系统进行分析，然后将某一工程系统中构成优点的特性传递到待改进工程系统中，用来克服待改进工程系统的缺点，从而使新的工程系统兼具二者优点的分析问题的工具。需要注意的是，在进行特性传递的时候，传递的是特性，而不一定是组件。特性传递主要功能的定义请参考《TRIZ：打开创新之门的金钥匙I》一书。

那么，什么样的工程系统更容易集成在一起呢？研究发现，如果两个工程系统具有相同或类似的主要功能，但它们又各自具备完全相反的优缺点，则这样的两个工程系统是最容易结合在一起的。

例如，我们遇到一个问题，轮船的速度很慢，需要提高轮船的速度。轮船的主要功能是运输货物，即把货物从一个地方移动到另外一个地方。我们可以找到另外一种具有相同或类似的主要功能的工程系统，即这种工程系统的设计目的也是移动物体的，如传送带、高铁、轿车、电梯、飞机等。

然后就要选择能够使轮船具备我们所需要优点的工程系统。电梯和小轿车，它们的速度也不够快，不具备我们所需要的优点，因此，它们不在我们的考虑之列。而高铁和飞机，具备我们所需要的优点，也就是运行速度非常快，而被我们列为候选对象。高铁和飞机哪一个更适合我们呢？轮船这个工程系统的优点是，载重量非常大，但是速度比较慢。高铁的速度虽然是非常快，但是它的载重量也是很大的，二者并没有相反的优缺点，互补性较差，因此不太容易将这两种工程系统结合在一起。而飞机就不一样了，飞机的运行速度很快，但就载重量而言，与轮船相比飞机的载重量很小，因此优先将飞机作为替代系统，即作为特性的来源系统。

接下来要做的是要将飞机中运行速度快的特性找出来，使飞机速度很快的特性可能有很多，比如飞机的发动机有较大的推力；飞机外壳的流线形状使飞机具有很小的阻力；飞机机翼具有上弧下平的特殊形状，可使机翼在空气中高速运动的时候，让气流产生压力差，形成升力，这个升力可以让飞机在稀薄的空气中运动，从而大幅降低飞机前进过程中的阻力。

在识别出让飞机运行速度很快的特性之后，就可以一一尝试将这些特性转移到轮船中去，从而使轮船也具备速度很快的优点。经过一番对比，可以将飞机中具有特定形状的机翼转移到轮船上，即在轮船的底部安装与机翼形状相似的水翼。由于水翼具有与机翼相似的特殊形状，当水翼在水中高速运行的时候，水对水翼形成的巨大升力会将船体托举到水面以上，船体只有很小的一部分位于水下，使整个船体总体受到水的阻力非常小。与普通的轮船相比，由于水翼船所受到的水的阻力非常小，因此它在水中运行的速度非常快。可见，通过特性传递，将飞机运行速度非常快的特性转移到轮船上，让轮船具备了载重量大和速度快的双重优点，如图4.2所示。

(a) 轮　船　　　　　(b) 飞　机　　　　　(c) 水翼船

图4.2　改进后的水翼船兼具轮船载重量大和飞机速度快的优点

通过以上例子我们可以看到，通过特性传递，可以让新的工程系统具有以下特点。

（1）保持原有系统的优点。

（2）通过将所需的其他工程系统所具备优点的特性转移到待改进的工程系统中，使待改进工程系统也具备其他工程系统的优点，克服了待改进工程系统的缺点。

4.3　几个重要概念

在进行深入讲解之前，先对几个名词做一下介绍，并用这些新的名词术语重新定义特性传递。

特性：在特性传递中，特性指的是使工程系统具备优点的原因。在前面的例子中，飞机具有特定形状的机翼、飞机外壳流线型的形状、强劲的发动机，都是使飞机具备高速运行优点的特性。

竞争系统：指的是具有相同或类似的主要功能的工程系统。比如前面例子中所讲的轮船、飞机、电梯、传送带、小轿车等，由于它们的主要功能都是移动物体，因此它们是竞争系统。再比如家中的微波炉、炒锅、电饭煲、电磁炉、蒸锅等，它们的主要功能也是一样的，都是加热食物，因此，它们也是竞争系统。

替代系统：是一种特殊的竞争系统，指的是两种优点和缺点完全相反的工程系统。也就是说，A系统的优点就是B系统的缺点，而A系统的缺点恰好又是B系统的优点。两个系统的优缺点刚好相反，就互相构成了替代系统。

基础系统：指的是待改进的工程系统，未来的特性传递将以它为基础，把另外一个替代系统的特性转移到本系统中。在前面的案例中，轮船就是基础系统。

特性来源工程系统：指的是具有基础系统所不具备的优点的工程系统，也就是说，具备所需优点的工程系统。在特性传递的时候要将使该工程系统具备优点的特性，转移到基础系统之中。前面的例子中飞机就是特性来源工程系统。

特性传递：指的是对两个具备完全相反优缺点的替代系统，将其中特性来源工程系统中具备优点的特性传递到基础系统中，以克服基础系统的缺点并保持原有优点的分析问题的工具，如图4.3所示。

图4.3　竞争系统、替代系统、基础系统和特性来源工程系统的关系

4.4　特性传递在现代TRIZ理论体系中的位置

那么在什么条件下需要用到特性传递呢？一般来说，以下两种情况，我们可以考虑使用特性传递的方法。

（1）对已有的工程系统进行改进的项目。对于某一个有缺点的工程系统，需要用一些新的特性来弥补这个缺点。对于这类项目，在运用特性传递之后，会产生新的问题，然后就需要运用TRIZ理论中解决问题的工具，比如发明原理、标准解等，解决由特性传递产生的新问题。对于改进型项目，特性传递在现代TRIZ理论体系中所处的位置如图4.4所示。

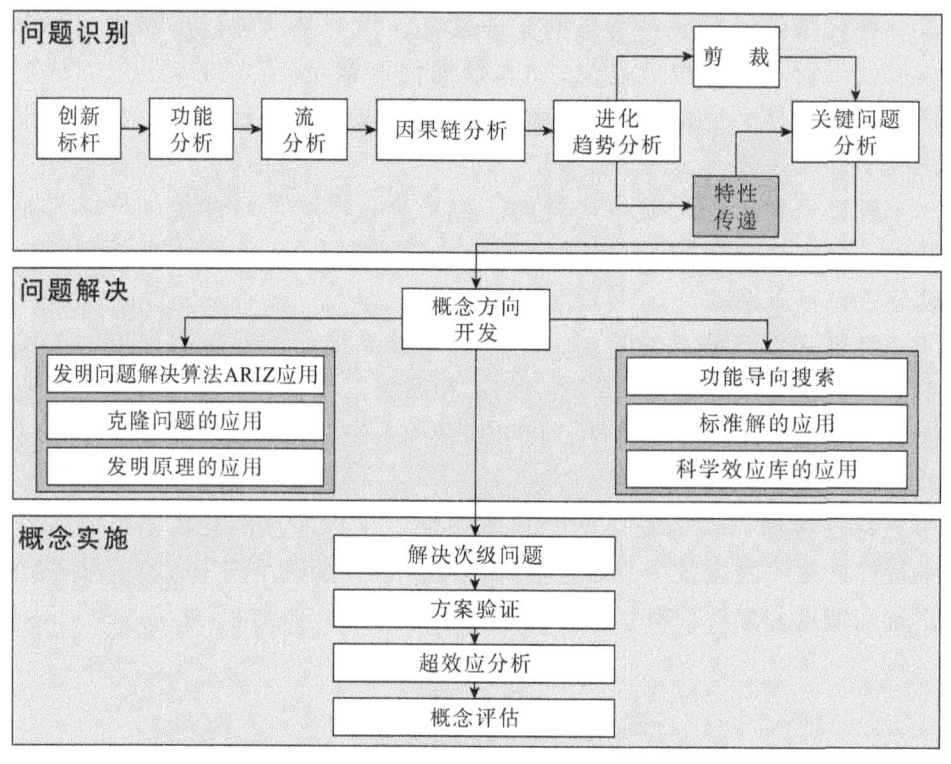

图4.4 对已有工程系统进行改进时特性传递所处的位置

（2）开发一种全新的工程系统。项目团队只知道未来工程系统所需要的主要功能，但目前并没有一种现成的解决方案，因此需要开发一种全新的工程系统来执行所需要的主要功能。这种情况下，可以采用特性传递的方法，先找出几种已经能够执行特定主要功能的工程系统，但所找到的任何一种已有的工程系统都不能完美地执行所需要的主要功能，它们各自有各自的优缺点。在这种情况下，可以运用特性传递的方法，把这几种工程系统结合在一起，形成一种全新的工程系统，将各自工程系统中具备优点的特性集成到新的工程系统中，让新的工程系统具备几种工程系统的全部优点，从而潜在能够完美地实现项目所需的主要功能。形成新的工程系统雏形，但这个新的工程系统的原型往往存在着大量问题，然后就可以运用TRIZ理论中分析问题的工具和解决问题的工具，将这个项目继续进行下去。即运用特性传递产生新的工程系统，然后运用TRIZ理论中分析问题的工具，如功能分析、因果链分析、剪裁等工具，将问题进一步明确化，再利用TRIZ理论中解决问题的工具，如发明原理、标准解等方法产生解决方案。对于需要对工程系统进行全新设计的项目，特性传递所处的位置如图4.5所示。

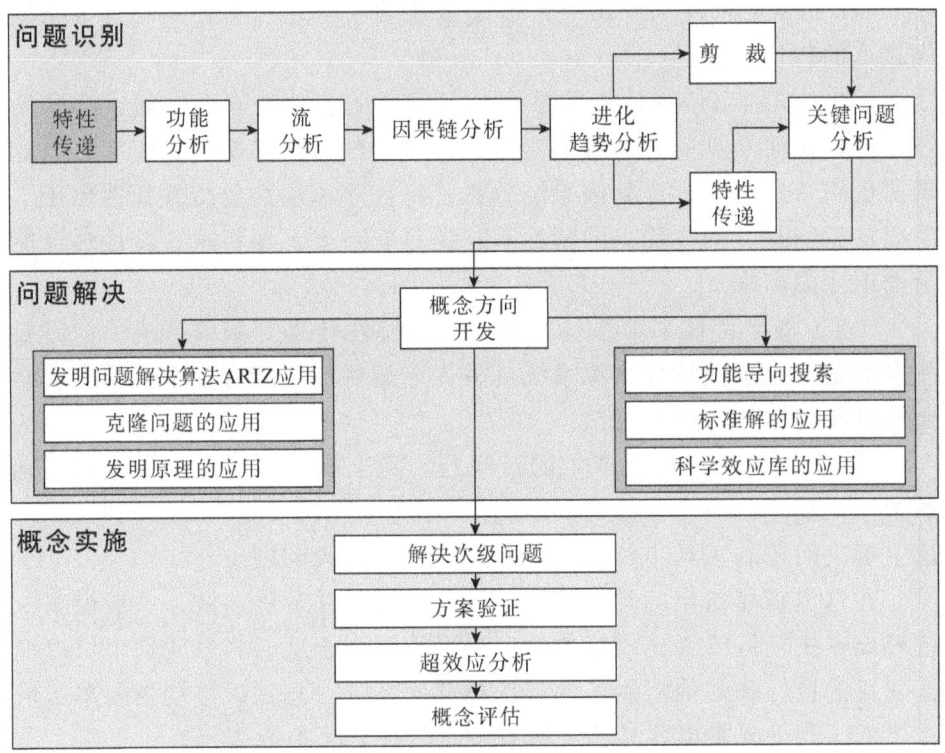

图4.5 开发全新工程系统时特性传递所处的位置

4.5 特性传递的算法

应该如何一步一步地实现特性传递呢？其步骤如下：

（1）识别出待改进的工程系统的主要功能。首先需要有一个工程系统，不管是改进型的工程系统还是全新设计型的工程系统。

（2）识别出待改进工程系统的优点和缺点，缺点就是我们所希望的在工程系统中需要引入的优点。

（3）列出竞争系统，即把能够完成相同或类似的主要功能的工程系统一一列出来。

（4）从竞争系统中选出替代系统，即与待改进的工程系统优缺点完全相反的竞争系统。

（5）确定基础系统，也就是未来要在此基础上做改进的工程系统。

（6）确定特性来源系统，也就是基础系统之外另外一个具备相反优缺点的替代系统。

（7）识别出使特性来源系统具备优点的特性。有的时候，这些特性是比较显而易见的，但有的时候，这些特性往往隐藏得比较深，因此需要借用一些工具，比如因果链分析，将这些深层次的特性挖掘出来。需要注意的是，构成优点的特性不一定只有一个，要将这些特性尽可能全面地挖掘出来。

（8）将使特性来源系统具备优点的特性转移到基础系统中，需要注意的是，由于使特性来源系统具备优点的特性可能有多个，因此有必要将这些特性逐一进行尝试。

（9）解决特性传递产生的新问题。把上面提到的特性引入到基础系统中之后，往往会产生新的问题。因此，接下来还需要运用TRIZ理论中解决问题的工具，解决特性传递产生的次级问题。

在这里需要指出的是，基础系统的选择是非常重要的，一般说来，选择成本比较低或者比较简单的工程系统较为合适，当然我们也可以根据项目的目标和其他限制条件来选择基础系统。总之，结构更简单、成本更低、改进起来更容易的工程系统，往往会优先被选为基础系统。

4.6 一个特性传递的实例

下面以一个简单的实例来说明特性传递的算法。

一次性纸杯（图4.6）价格低廉，在很多场合下都会用到。但有很多时候又会遇到一个尴尬的问题，那就是在用纸杯子盛开水的时候，由

图4.6 一次性纸杯

于纸杯比较薄，隔热效果比较差，热量会传递到手上，烫到持杯的手，所以需要设计一种新的杯子来解决烫手的问题。

（1）识别出待改进的工程系统的主要功能：一次性纸杯的主要功能是装水。

（2）识别出待改进工程系统的优点和缺点：一次性纸杯的优点是成本低，价格便宜；缺点是烫手。

（3）列出竞争系统，即具有相同或类似主要功能的工程系统：能够执行装水功能的工程系统有很多，例如，玻璃瓶、水桶、矿泉水瓶、带把茶杯、保温杯、双层玻璃杯等，如图4.7所示。

(a) 玻璃瓶　　　　(b) 水　桶　　　　(c) 矿泉水瓶

(d) 带把茶杯　　　(e) 保温杯　　　　(f) 双层玻璃杯

图4.7 一次性纸杯的竞争系统

（4）从竞争系统中选取替代系统：替代系统指的是与原工程系统优缺点完全相反的工程系统，也就是与一次性纸杯的优缺点完全相反的工程系统。从这些竞争系统中很容易就能够区分出不适合作为替代系统的竞争系统，比如玻璃瓶、矿泉水瓶等，因为这些工程系统并不具备待改进工程系统所需要的优点，因为它们也烫手。而那些具备所需要的优点（也就是不烫手）的竞争系统就有可能成为替代系统，比如带把茶杯、双层玻璃杯等。与一次性纸杯相比，它们都具有不烫手的优点和成本高的缺点，它们的优缺点刚好是相反的，即双层玻璃杯、带把茶杯都是一次性纸杯的替代系统，我们先暂定双层玻璃杯为替代系统（表4.2）。

表4.2 一次性纸杯与双层玻璃杯的对比

判断标准 \ 工程系统	一次性纸杯	双层玻璃杯
成本	低（+）	高（-）
隔热效果	差（-）	好（+）

（5）确定基础系统：双层玻璃杯和一次性纸杯都可以作为潜在的基础系统，要看哪一种作为基础系统更方便实施改进。在这里，选择比较便宜的一次性纸杯作为基础系统。

（6）确定特性来源系统：确定双层玻璃杯为特性来源系统。接下来要做的就是将使双层玻璃杯具有不烫手优点的特性转移到一次性纸杯中。

（7）识别出使特性来源系统具备优点的特性：不难发现，双层玻璃杯之所以不烫手是因为它具有双层的结构，这种双层结构可以起到很好的隔热效果，因此不烫手。

（8）将使特性来源系统具备优点的特性转移到基础系统中：将从双层玻璃杯中识别出来的双层特性转移到一次性纸杯中，也就是将一次性纸杯的杯身变成双层结构，形成具有双层结构的一次性纸杯（图4.8），这种新的纸杯就会兼具成本低和不烫手的优点（表4.3）。

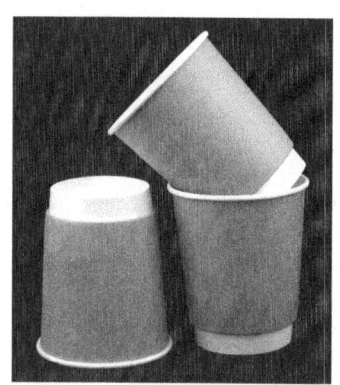

图4.8 具有双层结构的一次性纸杯子

表4.3 一次性杯子与双层玻璃杯的特性传递

判断标准 \ 工程系统	一次性纸杯	双层玻璃杯	双层一次性纸杯
成本	低（+）	高（-）	低（+）
隔热效果	差（-）	好（+）	好（+）

当然，也可以将其他工程系统作为替代系统，重复上述步骤（4）~（8）。

比如带把茶杯也具备不烫手的优点，因此我们可以选择带把茶杯作为替代系统，仍然将一次性纸杯作为基础系统（表4.4）。

表4.4　一次性纸杯与带把茶杯对比

工程系统 判断标准	一次性纸杯	带把茶杯
成　本	低（+）	高（-）
隔热效果	差（-）	好（+）

接下来又要把使带把茶杯具备不烫手优点的特性识别出来。通过分析，不难发现带把茶杯之所以不烫手，是因为它有一个杯把。杯把可以有效地将手和高温的杯身分隔开来，从而起到隔热的效果，也就具备了不烫手的优点。同样可以将杯把的特性转移到一次性纸杯之中，在一次性纸杯杯身上做一个杯把（图4.9）。这样，带杯把的一次性纸杯也就兼具了成本低和不烫手的优点（表4.5）。

图4.9　具有杯把的一次性纸杯

表4.5　一次性纸杯与带把茶杯的特性传递

工程系统 判断标准	一次性纸杯	带把的茶杯	带把一次性纸杯
成　本	低（+）	高（-）	低（+）
隔热效果	差（-）	好（+）	好（+）

4.7 特性传递的细则

前面讲的是特性传递的一般原理,随着研究的深入,TRIZ专家又提出了一些关于特性传递的细则,目前已知的细则如下:

(1)多步特性传递。
(2)过程作为替代系统。
(3)物理系统的集成和特性传递(包括物理系统集成的特例:混合)。
(4)活泼和惰性替代系统的集成。

下面我们对这几种细则进行详细的解释。

1. 多步特性传递

多步特性传递指的是特性传递并不是只有一次,而是可以重复多次,逐步将不同的特性集成到新系统中。

例如,在前面所讲的一次性纸杯的案例中,通过将双层玻璃杯的双层结构特性转移到一次性纸杯中,让一次性纸杯具备了成本低和不烫手的优点。我们还可以继续进行特性传递,进一步将双层玻璃杯的其他特性转移到作为基础系统的一次性纸杯当中。

一次性双层纸杯虽然具备了成本低和不烫手的优点,但是它还有其他缺点,就是不容易观察到水面的位置,能够隔着杯壁观察到水面位置在有的场合很重要。而双层玻璃杯恰恰具有这个优点,透过玻璃杯的杯壁能够观察到液面的位置。是什么特性让双层玻璃杯具有这个优点呢?很显然,是因为双层玻璃杯的杯壁是用透明材料制作的。我们也可以将双层玻璃杯透明的特性转移到双层一次性纸杯当中,如图4.10所

图4.10 一次性双层透明杯子

示，用透明材料制作双层一次性杯子的杯身，通过多步特性传递就可以让普通的一次性纸杯具备成本低、不烫手和容易观察液面的多重优点（表4.6）。

表4.6 双层玻璃杯、双层一次性纸杯、双层一次性透明杯子对比

双层玻璃杯	双层一次性纸杯	双层一次性透明杯子
能够看到水面的位置（+）	不能看到水面的位置（-）	能够看到水面的位置（+）
成本高（-）	成本低（+）	成本低（+）

2．工艺过程的特性传递

除了装置可以进行特性传递以外，工艺过程也可以进行特性传递。

例如，螺丝可以将两个物体固定在一起，这种机械固定方式非常结实，具有很高的强度，但螺丝与物体之间是点接触，所以应力过于集中，会使被固定的物体变形（图4.11），影响它的可靠性，因此我们需要一种新的方法来解决应力集中的问题。

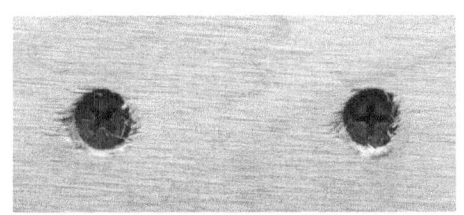

图4.11 螺丝固定牢固但应力集中

可以考虑其他工艺作为竞争系统，即它们也具有固定物体的功能，比如焊接、黏合、捆绑等。

我们选择黏合，而不是焊接工艺、捆绑等作为替代系统，因为它们的应力也是很集中的，不具备我们所需要的优点，而运用黏合工艺固定的两个物体，应力比较分散，但它的缺点是强度低，很容易再次开裂（图4.12）。

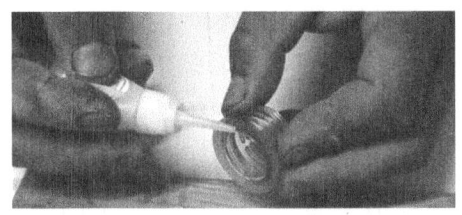

图4.12 胶水固定不牢但无应力聚集

可以将螺丝的机械固定作为基础系统，而把黏合作为替代系统。也就是说，把螺丝的机械固定和胶水的粘接集成在一起（图4.13），使它同时具备强度高和应力分散的特性（表4.7）。

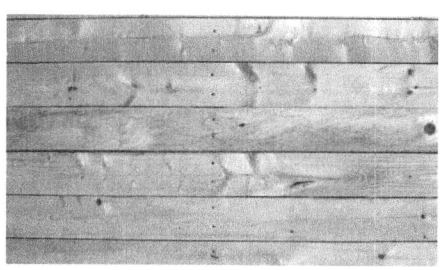

图4.13　螺丝与胶水的结合

表4.7　机械固定与黏合的特性传递

机械固定	黏合	机械固定+黏合
强度高（+）	强度低（-）	强度高（+）
应力集中（-）	应力分散（+）	应力分散（+）

3. 物理系统的集成

如果我们发现某个系统具备某个优点，是由于它具备某个组件，那么，如果条件允许，则可以直接把这个组件引入到基础系统中，从而使特性传递变得相对比较容易。但如果不具备这个条件，特性传递可能会比较困难。

（1）如果基础工程系统具有足够的空间，可以安放使特性来源系统具备优点的组件，则可以直接把这个组件转移到基础系统当中，由于这个组件的存在，也就使基础系统兼具了二者的优点。

（2）如果基础系统中并没有足够的空间，也就是说，构成特性来源系统优点的那个组件和基础系统必须处在一个空间，但基础系统没有额外的空间安装这个组件，则必须进行常规的特性传递，此时，需要传递的是特性而不是这个组件。

进行物理系统集成的特性传递的步骤是：
① 识别出为基础系统带来优点的组件。
② 识别出为替代系统带来优点的组件。
③ 确认它们是不是有必要必须处于一个空间。

④ 传递物理组件或传递特性。

· 如果二者可以处于不同的空间,可以对这两个组件进行物理集成,直接把组件集成到基础系统当中就可以了。

· 如果二者必须处于同一个空间,则需要传递的是替代系统中具备优点的那个特性。

· 作为物理集成的一个特例,如果两个组件必须要占据相同的空间,有的时候可以将这两个组件以混合物的形式进行物理集成,也就是说,虽然两个组件在宏观上必须占据同样的空间,但在微观上它们又不是必须占据相同的空间,就可以把这两个组件进行细分切割,然后将它们混合在一起。但这样做的前提是,即使将它们进行分割后,这两种组件仍然能够执行各自的有用功能,我们所需要的物理性质不会因此而发生变化。

4. 物理系统的集成和特性传递实例

(1)传递具有特性的物理组件。例如,对于有些经常出差的人来说,不希望总是喝凉的矿泉水,而是希望能够喝到加热的水,以利于他们的身体健康。常规的保温杯(图4.14)虽然能够装热水,但是如果间隔时间太长,热水照样会变凉。因此,希望保温杯能够具备加热功能。保温杯的优点是便携性好,可以随身携带,但它的缺点是不能够加热冷水。我们需要找到另外一种竞争系统,而这种工程系统具备能够加热水的优点。

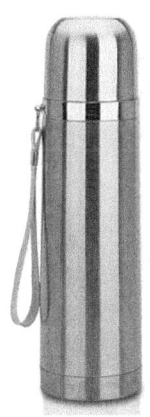

图4.14 方便携带但不能加热的保温杯

不难发现,电热水壶(图4.15)具备可以加热水的优点,但是它的缺点是不方便携带。

图4.15　能够加热水但不方便携带的热水壶

二者刚好能够互补，我们就将保温杯作为基础系统，而将电热水壶作为特性来源系统。

① 识别出为基础系统带来优点的组件。不难发现是杯身，由于杯身的形状符合人体工程学，从而使保温杯具有良好的便携性。

② 识别出为替代系统带来优点的组件。不难发现，电热水壶之所以具有加热水的优点是因为它有加热组件，也就是电加热丝等。

③ 确认两个组件是不是必须处于同一个空间。通过合理的安排，可以把杯身和电阻丝分开，也就是说，二者可以处于不同的空间，即可以把加热组件集成到保温杯的底部（图4.16）。这种旅行加热保温杯就同时具备了便携性和能够加热水这两个优点（表4.8）。

图4.16　能够加热的便携型保温杯

表4.8　保温杯与电热水壶的特性传递

保温杯	电热水壶	旅行加热保温杯
不可以加热水（-）	可以加热水（+）	可以加热水（+）
便携性好（+）	便携性差（-）	便携性好（+）

（2）没有物理空间的情况下传递特性。下面我们再用另外一个例子来说明，如果两个组件必须在一起的情况下，如何进行特性传递。

太阳能电池板（图4.17）由于能够源源不断地提供电能，只要有阳光就可以发电，所以在偏远地区获得了广泛应用。但它也有一个缺点，就是兼容性比较差，它不能直接应用于一些电子设备上，比如剃须刀、LED手电筒、收音机、遥控器、无线光电鼠标等（图4.18）。因此，需要解决太阳能电池板的兼容性问题。

图4.17　太阳能电池板

（a）无线光电鼠标　　（b）手电筒　　（c）电动剃须刀　　（d）遥控器

图4.18　常用电子设备

普通的圆柱形干电池（图4.19）具有良好的兼容性，可用于上面所提到的非常广泛的领域。但它也有另外一个问题，就是在野外长期使用的时候，常常由于存储的电量被用尽而被废弃，即使是充电电池也存在充电不方便的问题，从而限制了它的野外应用。二者的优缺点刚好也形成了互补。因此我们用特性传递的方式，对这二者进行集成。

图4.19 具有良好兼容性的干电池

我们选择太阳能电池作为基础系统，选择圆柱形干电池作为特性来源系统。

① 识别出为基础系统带来优点的组件。在太阳能电池中能够提供持续电流的组件是太阳能电池板本体。

② 识别出为替代系统带来优点的组件。干电池之所以具有良好的兼容性，是因为它具有特定形状的干电池本体。

③ 确认两个组件是不是必须在同一个空间。我们不难发现，太阳能电池本体和干电池的本体必须要在同一空间，因此我们不能直接传递组件，应该进行特性传递。经分析，我们发现圆柱形干电池的兼容性之所以很强，是因为它本体的形状是标准形状，也就是具有特定尺寸的规则圆柱形。如果也让太阳能电池具有良好的兼容性就必须让太阳能电池板也具备圆柱的形状。

经过上述分析，可以采用柔性的太阳能电池板。由于电池板是柔性的，因此可以卷曲成圆柱形，形成卷曲型太阳能电池（表4.9）。在太阳能电池板展开的时候，就可以利用太阳光，把太阳能转化为化学能存储起来；当需要用在电子设备中时，就可以把太阳能电池板卷起来，形成与干电池完全相同的形状、尺寸，这样就可以将它用到电子设备中了。通过特性传递，就可以使卷曲的太阳能充电电池同时具备能够长期在野外使用并适应于多种电子设备这两个优点（图4.20）。

表4.9 太阳能电池板与干电池的特性传递

太阳能电池板	圆柱形干电池	卷曲型太阳能电池
可以在野外长期使用（+）	不能在野外长期使用（-）	可以在野外长期使用（+）
不可通用于电子设备（-）	可通用于电子设备（+）	可通用于电子设备（+）

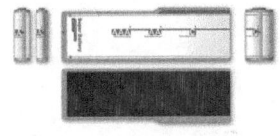

图4.20 可以用作干电池的太阳能电池

（3）物理集成的特例——混合。我们再用一个例子说明物理集成的一个特例，如果两个组件在宏观上必须在一起，但允许它们在微观上可以不在一起，并且在微观混合后不会改变我们所需要的性质，则可以将它们进行混合。

例如，长余辉荧光材料（图4.21），又称为夜光材料，它是一种光致发光的材料。暴露在激发光源之下时，长余辉荧光材料可以将获得的部分能量存储起来，在激发光源停止发光之后，这些存储的能量可以以可见光的形式缓慢释放出来。运用这种特性长余辉荧光材料可以用在夜间的应急指示、仪表显示、手表的指针、家庭装饰、艺术品等领域。虽然它有非常广泛的应用，但是这种材料通常为粉状或者是块状陶瓷，可加工性很差，因此不能自由成型。

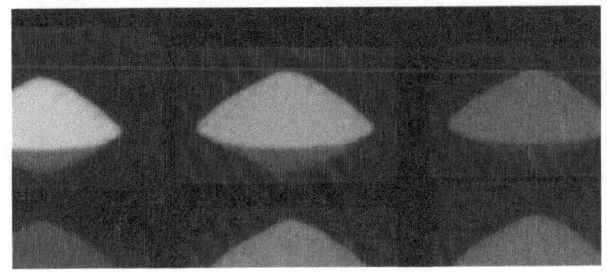

图4.21 粉状长余辉荧光材料

为了解决这一问题，可以找到另外一个组件，这个组件具备长余辉荧光粉所需要的优点，也就是容易成型。不难发现，橡胶、塑料（图4.22）等材料具有非常好的可成型特性，非常容易被制作成不同形状的产品。但是它完全没有发出荧光的特性。由于它们具有完全相反的优缺点,因此尝试可以将这两种组件集成在一起。

图4.22　容易成型的塑料粒子

由于需要制成具有不同形状的产品,而且所有地方都需要发光,因此它们在空间上必须处于同一个位置。但是从微观上看,把这两种组件进行分割、混合在一起,它们的性质并不会发生根本的变化,即长余辉材料仍然能够在黑暗中发出我们所需要的光,而塑料或橡胶也仍然保持了它能够形成不同形状的产品的性质。把这两种材料混合在一起后,就形成了可发光的塑料(图4.23)。这种塑料同时具备了容易成型的优点和可以发出荧光的优点,见表4.10。

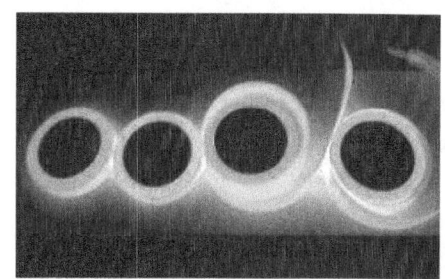 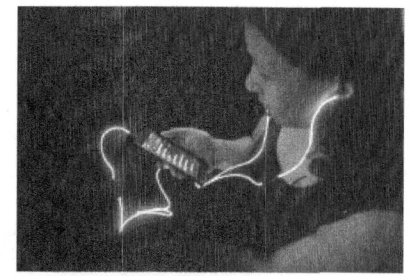

图4.23　可以发出荧光的塑料(橡胶产品)

表4.10　长余辉材料和橡胶的特性传递

长余辉材料	橡　胶	荧光材料
可以发荧光(+)	不可以发荧光(-)	可以发荧光(+)
不易成型(-)	容易成型(+)	容易成型(+)

5. 活泼和惰性的替代系统集成

有的时候我们可能会遇到一种情形,一个系统虽然工作起来没有什么缺点,但如果过量就会带来反应过度的副作用。由于过量带来的过度反应就是缺点,在这种情况下,可以选择一种替代系统,它在工程系统中没有什么功能,它并不具备所需要的优点,但它也没有什么缺点。这种没有什么功能的系统,叫惰性系统。当这两个系统合成在一起的时候,可以利用基础系统产生积极的效果,也就是优点,同时又利用惰性系统来稀释它的缺点,从而让整个工程系统工作正常。

例如,为了治病需要某些药物(图4.24),这些药物通过口服或注射的方式被摄入人体。它们能够治病,如杀死体内的一些有害细胞、细菌等。但如果药物的浓度过高,则会对人体的消化道系统等局部组织造成严重的危害,出现中毒的症状等副作用。

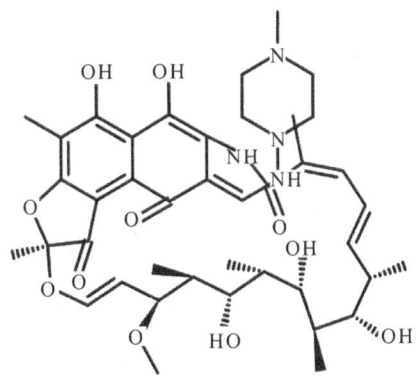

图4.24 一种能够治病的药物

可以运用淀粉这一惰性材料,相对于药物来说,淀粉(图4.25)没有什么有用的功能,当然也没有什么有害的功能,既没什么优点也没什

图4.25 不能治病但也对身体无害的淀粉

么缺点。

通过将淀粉与药物进行混合,用淀粉对药物进行稀释,能够降低药物的浓度,在一般的药片中,淀粉的含量高达99%以上(图4.26),药物的含量非常低。这样做的好处是,降低或者消除了过高浓度的药物对人体的危害,使得人体对摄入药物剂量的控制也更加准确(表4.11)。

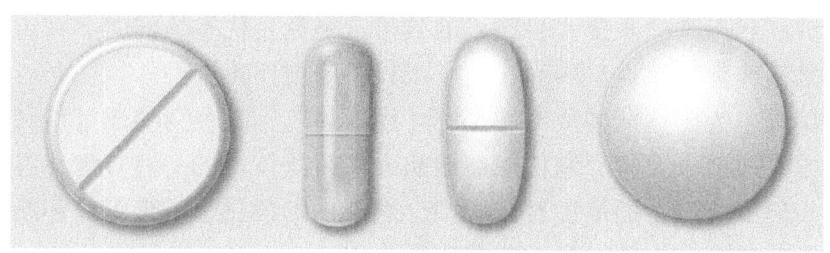

图4.26　含有大量淀粉的药片

表4.11　药物与淀粉的集成

药　物	淀　粉	药　片
能治病(+)	不能治病(-)	能治病(+)
中毒(-)	不中毒(+)	不中毒(+)

采用注射的方式,同样是把微量药物的有效成分用大量生理盐水稀释,生理盐水是对人体没有什么有用功能,也没有什么有害功能的惰性物质,可以把药物稀释到人体可以接受的浓度。

4.8　小　结

综上所述,特性传递是一个识别问题的工具,运用它可以将具备不同优缺点但主要功能相同或类似的两个工程系统集成在一起,通过将为特性来源系统带来优点的特性传递到基础系统中,从而使新的工程系统兼具二者的优点。

虽然进行特性传递之后,会使基础系统兼具不同竞争系统的优点,从而克服自身固有的缺点,但经过特性传递后会产生一系列新的问题。在进行特性传递后,仍然需要运用其他TRIZ工具去解决这些问

4.8 小　结

题，需要注意的是，特性传递方法传递的有可能是组件，也可能是使特性来源系统具备优点的特性。

特性传递可以用来改进已有的工程系统，以克服已有工程系统的缺点，也可以用来开发全新的工程系统，让新设计的工程系统兼具各个竞争系统已有的优点。

另外，特性传递是向超系统进化趋势中的一种特殊形式（向超系统进化趋势将在《TRIZ：打开创新之门的金钥匙Ⅲ》中作详细介绍）。

标准解系统

标准解(Standard Solutions)系统是阿奇舒勒在20世纪70年代末提出来的,与发明原理和阿奇舒勒矛盾矩阵一样,标准解系统也是通过对大量专利进行分析之后,提炼出来的解决问题的工具。

图5.1示出了标准解系统在现代TRIZ理论体系中的位置。在应用标

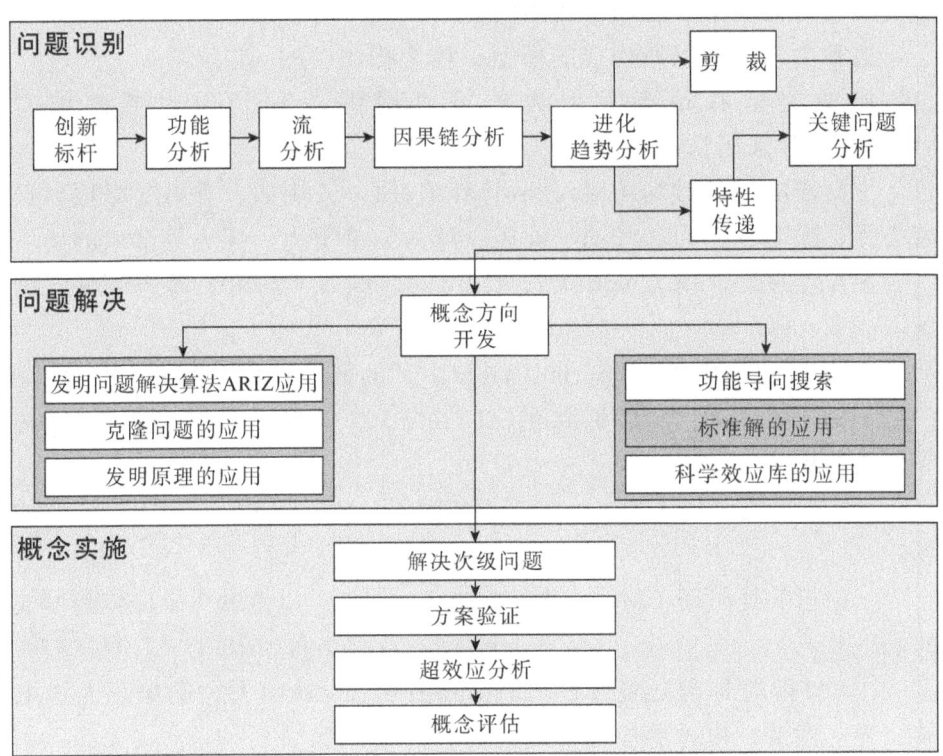

图5.1　标准解系统在现代TRIZ理论体系中的位置

准解系统之前，首先需要对项目中的问题进行详细的分析，特别是经过功能分析、流分析（将在《TRIZ：打开创新之门的金钥匙Ⅲ》中介绍）、因果链分析、剪裁和特性传递等工具分析之后，得到定义的非常明确的关键问题，然后将这些关键问题转化为一种叫做物场模型的问题模型，才能应用标准解系统。

5.1 物场模型

TRIZ理论的创始人阿奇舒勒设想任何一个复杂的工程系统都是由一系列最简单的工程系统组成。那么最简单的工程系统应该是什么样的呢？它应该具备以下两个条件：

（1）必须由两个物质组成。

（2）两个物质之间应该有作用，阿奇舒勒称这个作用为场。这里所指的场与物理学中的场有所不同。

这种由物质和场所构成的模型被称为物场模型。

场的类型有很多，但大致可以用由各种场所组成的缩写MAThChEM来概括：

·M指的是机械场（Mechanical field），例如，重力、摩擦力、离心力、振动、应力、气动、液压、浮力、牵引力、压力等形成的场。

·A指的是声场（Acoustic field），例如，声音、超声等形成的场。

·Th指的是热场（Thermal field），例如，热传递等形成的场。

·Ch指的是化学场（Chemical field），例如，腐蚀、黏结、溶解等形成的场。

·E指的是电场（Electrical field），例如，静电、高压等形成的场。

·M指的是磁场（Magnetic field），例如，电磁铁、永磁体等形成的场。

·EM指的是电磁场（Electromagnetic field），例如，无线电波、光、微波、电磁感应等形成的场。

物场模型可以用图5.2所示的形式来表示。

5.1 物场模型

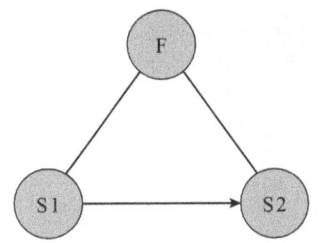

图5.2 物场模型的表示形式

其中，S1和S2是两个物质，分别为物质1和物质2。F表示场，即物质1对物质2的作用。例如，热水器加热水，用物场模型表示出来则如图5.3所示。

 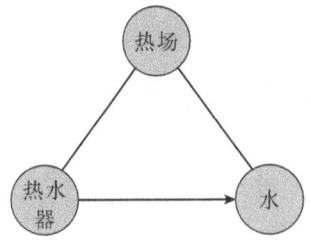

图5.3 热水器加热水的物场模型

需要注意的是，前面提到的构建物场模型需要的两个条件，即两个物质和一个场必须全部具备，缺一不可。

比如，我们要将一张白板纸挂起来展示上面的内容，但仅仅有白板纸自己是不可能实现这个功能的，因为该系统只有一个物质，而缺少另外一个物质及场。

又比如，我们要将一张纸放在白板上，虽然这时已经有两个组件，即纸和白板，但仍然不能得到我们所需要的结果，因为在这个系统中虽然有了两个物质，但这两个物质之间并没有相互作用，因此工程系统仍然不能正常工作。只有两个物质和一个场都具备了，比如在白板和纸之间加上胶水，使两者之间产生一个化学场，这样两个物质（白板和纸）和它们之间的场（化学场）就完整了，这样的工程系统才能够正常工作。这种由两个物质和一个场所组成的模型就是物场模型（图5.4）。

 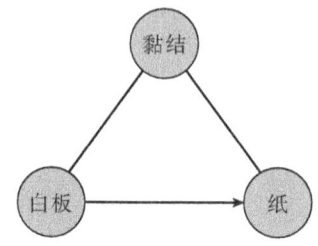

图5.4 白板支撑纸的物场模型

5.2 有问题的物场模型

如果一个工程系统不能正常工作,意味着物场模型出了问题。有问题的物场模型主要分为三类:不完整的物场模型、有害的物场模型和不足的物场模型。下面对这三种存在问题的物场模型进行简单的介绍。

1. 不完整的物场模型

不完整的物场模型指的是需要构成完整物场模型的两个物质和一个场中,缺少某一个必要的组成部分,或者缺少场,或者缺少其中的一个物质。上面所讲的纸和白板就是这样的例子。还有一种情形我们也将它视为不完整的物场模型,即虽然两个物质(S1,S2)之间有某种作用,但我们所期望发生的作用并没有发生。比如天然气泄露时,人与天然气相互接触甚至吸入天然气,但是由于天然气无色、无味,所以人即使与天然气之间存在作用,即人与天然气相互接触甚至人吸入天然气,但人并不会感觉到天然气的泄露。

综上所述,不完整的物场模型有以下三种情形:

(1)仅有一个物质,缺少第二个物质和它们之间的场(图5.5)。例如,前面所提到的仅仅有白板纸自身并不能实现将白板纸挂起来的功能,就属于这种情况。

图5.5 仅有一个物质的不完整物场模型

(2)有两个物质,但缺少它们之间的场(图5.6)。如前面所提到的白板与纸之间由于缺少场，因此不能正常工作，就属于这种情况。

图5.6 仅有两个物质但缺少场的物场模型

（3）有两个物质，两个物质也有场，但没有期望的作用（场）发生（图5.7）。比如前面所提到的人与天然气之间虽然有场，但实际上并没有发生所期望的作用。

图5.7 有两个物质但没有发生期望的作用的物场模型

2. 有害的物场模型

有害的物场模型指的是物场模型虽然能够工作，但与我们的期望相反。比如说我方的坦克被敌方的炮弹击毁，就不是我们所期望的，因此，可以被看成有害的物场模型。对于有害的物场模型，物质S1与S2之间用波浪线∧∧∧→连接符号来表示（图5.8）。

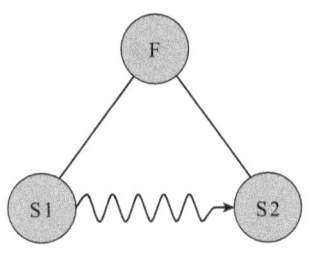

图5.8 有害的物场模型

3. 有用但不足的物场模型

有用但不足的物场模型指的是物场模型虽然是有用的，即与我们的期望一致，但实际效果并没有达到我们的要求。比如瓶盖虽然能够挡水，但仍然有部分水漏出来了。瓶盖挡水是我们期望的，但仍然有部分水漏出，说明它并没有达到我们的要求，因此，可以看成有用但不足的物场模型。对于有用但不足的物场模型，物质S1和S2之间用虚线－－→连接符来表示（图5.9）。

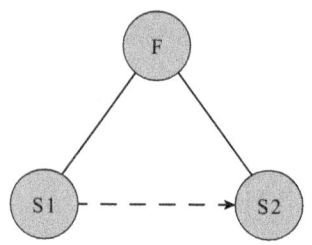

图5.9 有用但不足的物场模型

表5.1列出了三种有问题的物场模型的类型。

表5.1 三种有问题的物场模型列表

有问题的物场模型	表示形式
不完整的物场模型	S1 S1　　S2
有害的物场模型	F S1 ⌇⌇⌇ S2
有用但不足的物场模型	F S1 ---→ S2

5.3 标准解系统

阿奇舒勒在对大量专利进行分析之后发现，如果有问题的物场模型是一样的，那么解决这类问题的方案的模型也是类似的，与行业无关。比如，一个物质对另外一个物质有害，其中一个标准解建议是，在两个物质之间引入第三个物质。例如，热的盘子太烫了，在端的时候很容易将手烫伤，即盘子对手的物场模型是有害的，则可以在盘子与手之间引入第三个物质，如托盘、垫片或手套。例如，子弹伤害人体，则可以在子弹和人体之间加入第三个物质，比如防弹玻璃或者防弹衣等。靠近高速公路的地方噪声比较大，会影响人的正常生活，则可以在高速公路两边设置降低噪声的屏障。有时候新买的鞋子磨脚，可以在脚被磨的地方粘一块创可贴。

通过上述几个例子，我们可以看到，虽然要解决的问题分布在不同的领域，可以说它们之间是毫无关联的，但只要这些问题的模型是一样的，解决方案也是类似的。以上几个问题的模型都是有害的物场模型，它们的解决方案也都是在构成有害物场模型的两个物质之间引入第三个物质，即解决方案的模型都是一样的，如图5.10所示。

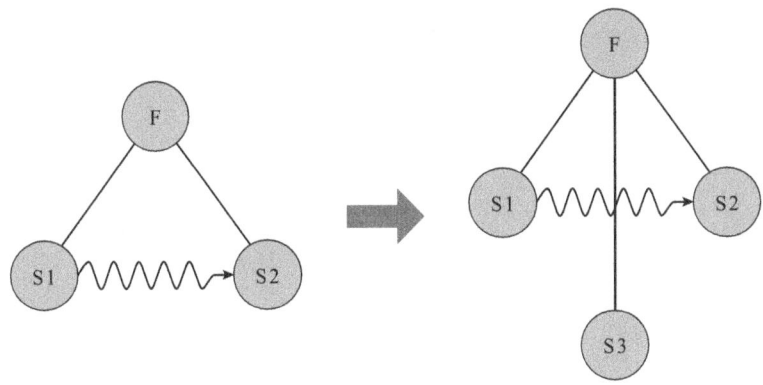

图5.10 如果问题的物场模型是一样的，则解决方案的物场模型也是类似的

在进行标准解研究的时候，阿奇舒勒通常用专利来验证他的假设，如果能够找到一定数量的专利来验证他的假设，那么他就将其作为标准解系统中的一个。到标准解这一研究课题研究结束的时候，共收集整理了76个标准解，这些标准解构成了标准解系统。

标准解数量较多，如果我们一遇到问题就尝试逐一运用所有的标准解，解决问题的过程既费时又费力，且效率较低。因此，阿奇舒勒对这些标准解进行了分类，按照解决问题类型的不同，将标准解系统分为五大类，这样我们在遇到问题的时候，就可以根据问题的物场模型的类型去相应类别的标准解中寻找解决方案。

5.4 运用标准解系统解决问题的算法

在运用标准解系统解决问题的时候,可以按照下面的步骤来进行。

(1)识别项目中的关键问题。关于如何识别关键问题,在《TRIZ:打开创新之门的金钥匙Ⅰ》中已经有所介绍,在这里我们不再赘述。

(2)将关键问题转化为有问题的物场模型。几种有问题的物场模型在表5.1中已经列出。

(3)根据步骤(2)中确定出来的有问题的物场模型找到相应的标准解的类别。

(4)从相应的类别中选择某一特定的标准解。

(5)在标准解的提示之下产生解决方案。

以上步骤可以简单地用图5.11来表示。

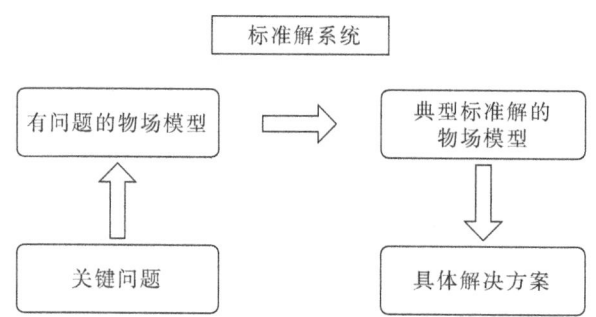

图5.11 运用标准解系统解决问题的步骤

虽然标准解有76个之多,但在运用标准解解决实际问题的时候,有些标准解用得比较多,有些标准解用得非常少。有些标准解彼此之间是有些联系的,因此可以将这些标准解进行归纳合并。这样经过归并(一条标准解中包含几条旧的标准解)、精简后,标准解的个数为30多个,基本上囊括了绝大多数常用的标准解。本书中所介绍的标准解就是常用的标准解,阿奇舒勒版本的标准解见附录。

5.5 标准解详解

下面,我们将依照阿奇舒勒对标准解的划分,分五大类对常用的标准解进行详细解释。

5.5.1 第1类标准解——建立和拆解物场模型

第1类标准解分为两个子类,分别对应于不完整的物场模型和有害的物场模型。

1. 第1.1类标准解——建立完整的物场模型

第1类标准解的第一子类应用于求解不完整的物场模型,在这个子类中,共有5个比较常用的标准解。

(1)将不完整的物场模型补充完整。如果问题的物场模型不完整,则要确定这个物场模型中缺少哪些要素并补充完整,使物场模型最终具备两个物质和一个场的完整结构,如图5.12所示。

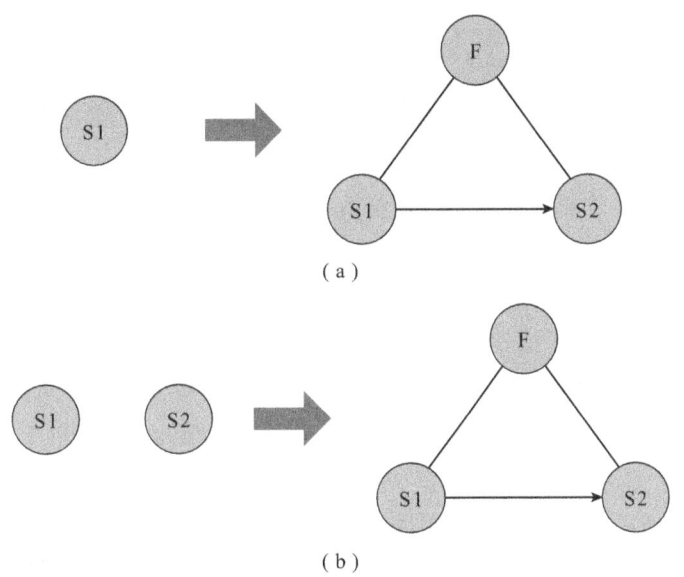

图5.12 将不完整的物场模型补充完整

比如,在上面提到的,要将一张白纸挂起来,就是一个不完整的物场模型,缺少另外一个物质和场。如果要正常工作,则要引入另外一个物质，如白板（或墙），并且还要引入场。如果我们继续运用上面所提到的各种场进行尝试，则需要：

① 引入机械场，可以用钉子或夹子将白纸固定在白板上。
② 引入化学场，用胶水将白纸固定在白板上。
③ 引入磁场，用磁铁将白纸吸在白板上。
④ 引入电场，用静电将白纸吸在白板上。

（2）引入内部添加物。这个物场模型适用于两个物质S1和S2有作用，但我们所期望的作用并没有发生的情形。此时可以在S1或S2中引入内部添加物，使所期望的作用得以发生，如图5.13所示。

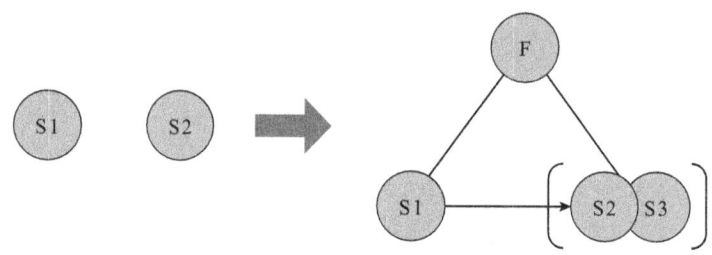

图5.13　引入内部添加物

如天然气无色无味，我们无法看到，也无法闻到。如果发生了泄露，人虽然可以与之接触，但无法察觉到。一个常用的方法就是在天然气中引入具有臭味的气体（四氢噻吩），这样如果天然气发生泄露，人就可以感觉到了。

（3）引入外部添加物。这个物场模型同样适用于两个物质S1和S2有相互作用，但我们所期望的作用并没有发生的情形。此时可以在S1或S2中引入外部添加物，使所期望的作用得以发生。

例如，想将一面镜子固定在光滑的墙壁上，镜子与墙壁虽然有接触，但墙壁与镜子并没有发生期望的作用，即墙没有能够固定住镜子。可以在镜子上安装一个吸盘，这样就可以将镜子固定在墙上了[图5.14（a）]。

又比如，为了方便放置，可以在开瓶器上安装一块磁铁，这样就可以很容易地将开瓶器固定在冰箱上了[图5.14（b）]。

这种引入内部或者外部添加物的物场模型都被称为复合物场模型，如图5.15所示。

5.5 标准解详解

(a) 带吸盘的镜子　　　　(b) 可固定在冰箱上的磁性开瓶器

图5.14　引入外部添加物实例

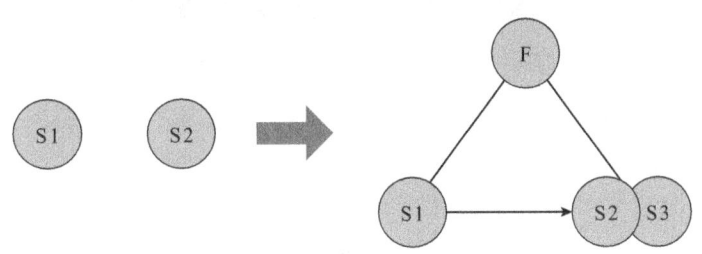

图5.15　引入外部添加物

（4）改变外部环境。如果无法对物质直接进行操作，系统无法改变，而且不能引入内部或外部物质形成复合物场模型，在这种情况下可以尝试改变环境。

例如，初生的婴儿抵抗力差，非常容易受到病毒和细菌的感染而生病。如果直接对初生的婴儿进行杀菌等操作非常困难，因此可以将婴儿放进保育箱（图5.16）中，保育箱中的温度、湿度、含氧量等指标均可精确控制。

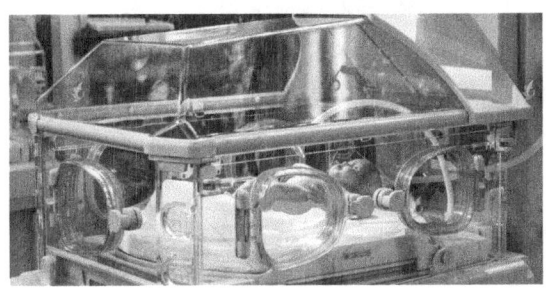

图5.16　保育箱

再比如，北京的冬天比较干燥，有很多人的身体会不舒服，甚至有些人会由于鼻腔过于干燥而流鼻血，但是直接改善鼻腔是非常困难的，因此可以用加湿器对空气进行加湿，使外部环境变得不再干燥，鼻腔也就不会流血了，如图5.17所示。

图5.17 加湿器通过改变外部环境解决鼻腔干燥的问题

（5）最大–最小模式。这个标准解其实包含了三个经典TRIZ中的标准解，即最大模式、最小模式，以及最大–最小模式。

① 最大模式指的是使物质S1或S2达到最大，然后再将多余的物质去掉。

例如，在墙上刷标语的时候，直接刷效率比较低，而且一致性难以把握，此时可以将一个中间镂空的模板放在墙上，然后在模板上喷大量的油漆。待喷涂完毕，撤去模板，模板上多余的油漆也会被去除掉，剩下的部分就是所需要的标语，如图5.18所示。

图5.18 掩模的方法，通过去除过量的油漆实现快速、准确印标语

② 最小模式指的是使物质S1或S2达到最小，然后再慢慢添加少量物质将其补足。

例如，在集市上称量炒货时（如瓜子、花生等），先在秤盘上装入接近客户需要量的炒货，然后再慢慢添加到合适的重量。这个例子中所用到的就是最小模式，如图5.19所示。

图5.19　先加入接近要求的量，然后再慢慢添加到位

③ 最大–最小模式指的是使应该大的处于最大状态，使应该小的处于最小状态。

比如，在封装装有药水的安瓿瓶的时候，需要用氢氧焰或乙炔焰产生高温将瓶的顶部熔化，但由于温度过高，药瓶下方的药水容易被烤坏变质。可以将药水瓶的头部放于高温氢氧焰中以熔化玻璃封口，而将有药水的底部区域放于水（或冰水）中，以防止药水被高温破坏。这个例子中所用到的就是最大–最小模式，即将药瓶上部的温度保持最高，而将药瓶底部的温度保持最低，如图5.20所示。

图5.20　封安瓿瓶的时候，用高温氢氧焰加热顶部，将底部放在水里降温

2. 第1.2类标准解——拆解物场模型

这一类标准解应用于求解有害的物场模型，即虽然物场模型是完整的，但它却与我们的期望背道而驰。在此子类中，共有5个比较常用的标准解，其中，前三个标准解都是在两者之间引入第三个物质，只是第三个物质的来源有所不同。下面我们就以一个问题为例，来说明它们之间的区别（本例来源于GenTRIZ的培训教材）。

问题：在钢铁厂需要用到焦炭，焦炭的功能是在温度很高的高炉中与铁矿石发生复杂的还原反应，将铁矿石中的铁还原出来，如图5.21所示。

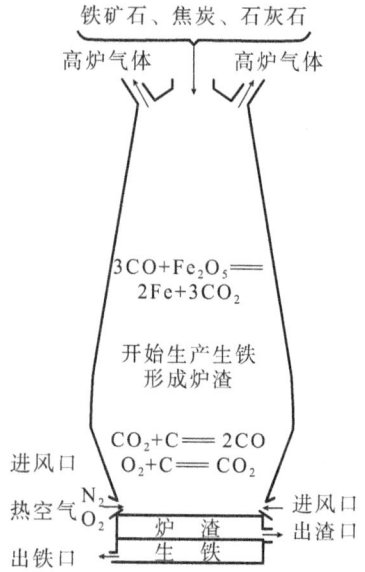

图5.21 炼铁工艺过程原理图

而这些焦炭是将煤放在高温的炼焦炉中,在高温下把煤中的挥发成分除掉后提炼出来的,焦炭被炼制出来后,需要用钢制链条将这些高温焦炭传送到高炉中与铁矿石发生反应。但由于刚刚炼制出来的焦炭温度非常高,使传送链条长期处于高温状态,会导致链条的寿命降低,应该如何解决这个问题?

将这一问题转化为物场模型是有害的物场模型,如图5.22所示。

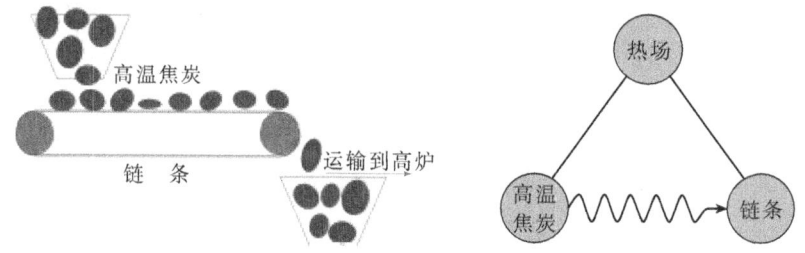

图5.22 高温焦炭损害传递链条的物场模型

(1)在两个物质之间引入任一物质(图5.23)。

根据这一标准解的提示,很容易想到,在链条上先铺上一层耐火材料,就可以有效阻止高温焦炭损坏链条,从而达到延长链条寿命的目的。但它同时也带来一个问题,即链条上运输的是高温焦炭与耐火材料的混合物,在到达目的地后,需要将这两种材料分开才可以,如图5.24所示。

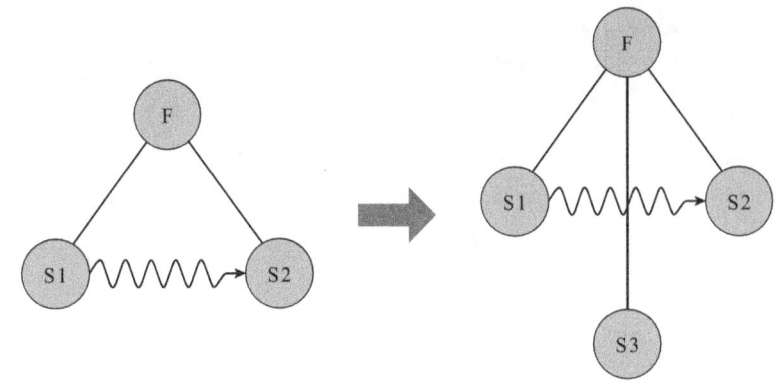

图5.23 两者之间引入任一物质

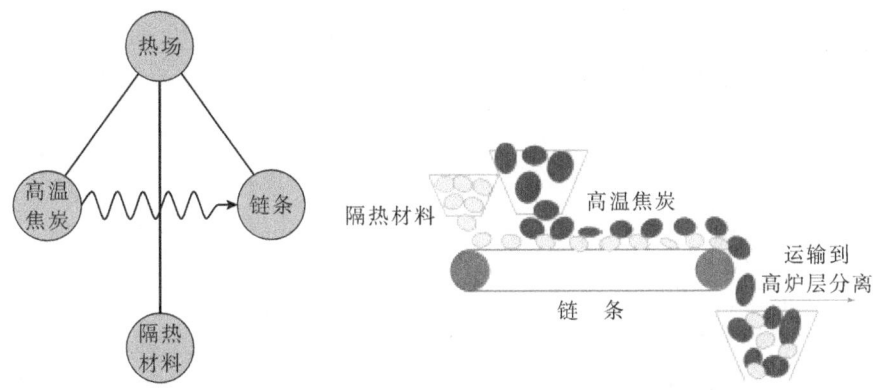

图5.24 在高温焦炭与链条之间引入隔热材料

（2）在两个物质之间从超系统中引入一物质S3。这个标准解与上面的标准解不同点在于，S3这个物质并不是随意引入的，而是从超系统中引入的，如图5.25所示。

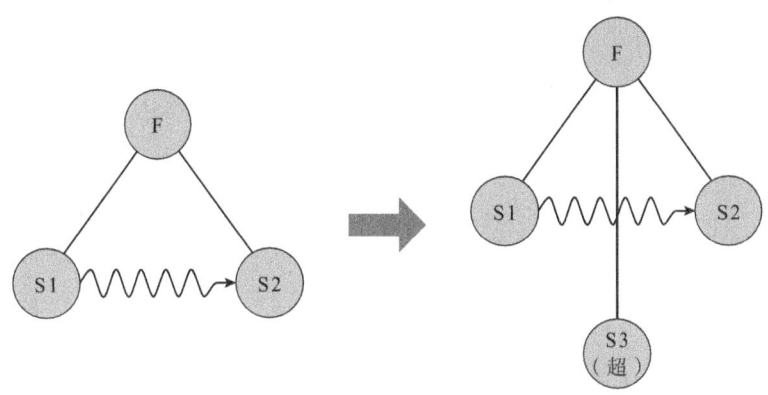

图5.25 从超系统中引入第三个物质S3

根据这一提示，我们可以想到引入钢铁厂这个特定的超系统中的物质，比如铁矿石，如图5.26所示。将铁矿石引入到高温焦炭与链条之间，即先在链条上铺上一层常温的铁矿石，铁矿石可以在链条和焦炭之间起到隔热的效果，这样在链条的另一端得到的是高温焦炭与铁矿石的混合物。这种方法的好处是，在未来只需要将焦炭和铁矿石的混合物直接导入高炉即可，不需要再对焦炭和铁矿石进行分离。相比之下，这种方法的效果更好一些。

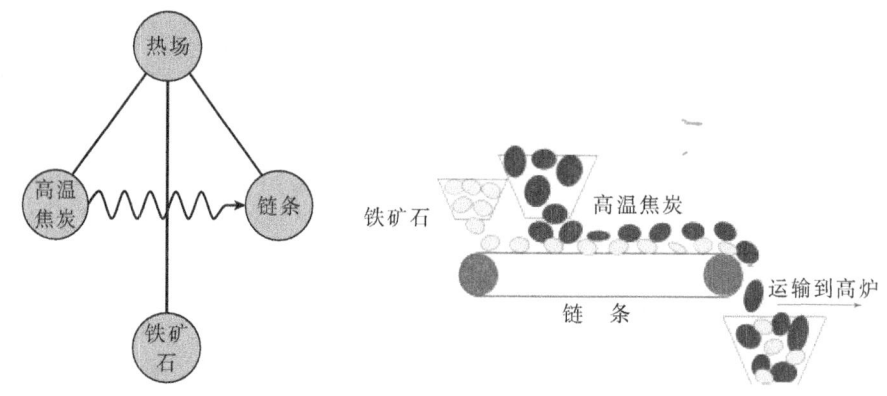

图5.26 在高温焦炭与链条之间引入铁矿石

（3）引入物质S1或S2的改进物质。这个标准解与上面的两个标准解的区别仍然是物质S3的来源。本标准解的物质S3是由构成有害的物场模型的两个物质之一，物质S1或者S2改进而来，如图5.27所示。比如，如果其中一个物质是水，则可以将水变成冰、水蒸气或者浆料等。

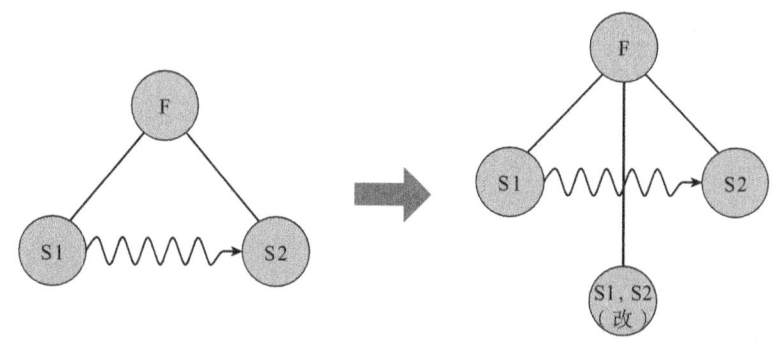

图5.27 引入物质S1或S2的改进物质

对于高温焦炭损坏链条这个问题，则要引入高温焦炭或者链条的改进物质。可以将低温焦炭（即高温焦炭的改进物质）铺于焦炭和链条之间，低温焦炭是热的不良导体，可以起到隔热的作用，能够很好地保护链条，从而延长链条的寿命。这一做法的好处是，我们最终所得到的是纯的焦炭，没有引入其他杂质，如图5.28所示。

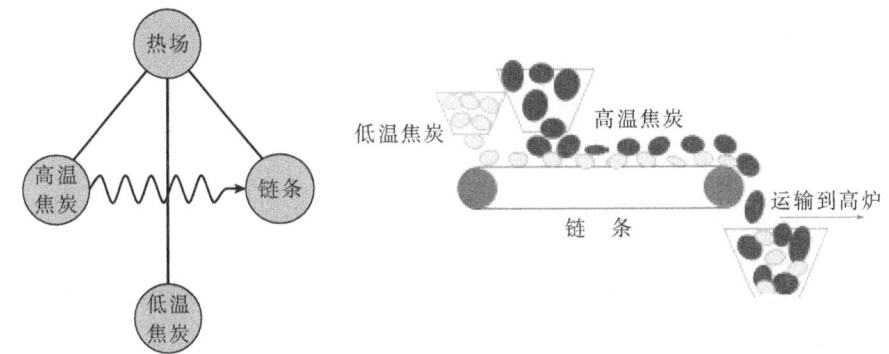

图5.28　在高温焦炭与链条之间引入低温焦炭

（4）引入一个牺牲品吸收有害作用。如果一个物质S1对另外一个物质S2有害，则可以引入一个更容易与物质S1发生作用的物质，从而保护物质S2。

如轮船的船体大多采用钢板，船体长期浸泡在海水中，很容易受到海水的腐蚀，为了解决这个问题，通常在船体上放置锌块，由于锌元素比铁元素（组成船体的主要元素）更加活泼，因此海水优先与锌块发生反应，而不与铁制的船体反应，从而起到了牺牲锌块但保护船体的作用，如图5.29所示。锌块在很多情况下都被作为牺牲阳极使用，在电缆、地下设施、铁塔、石油管线的防腐等领域中应用广泛。

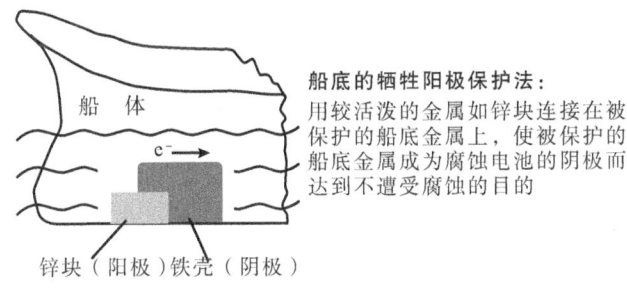

图5.29　采用牺牲阳极的方法保护船底示意图

（5）引入一个场来抵消有害作用。如果是有害的物场模型，可以考虑引入第二个场（有可能是由有害的场转化而来），来抵消这个有害的作用，如图5.30所示。

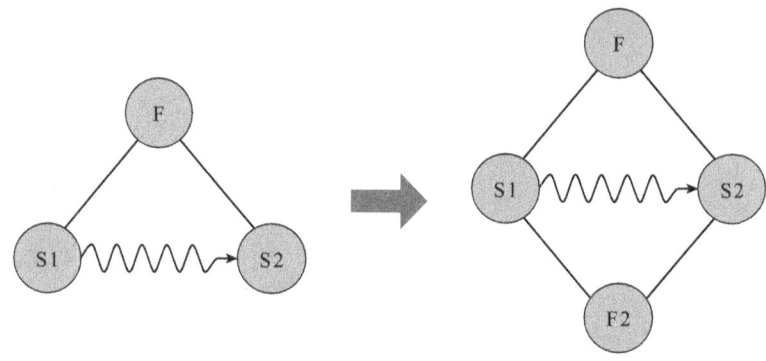

图5.30 引入第二个场抵消有害的作用

比如炮弹对坦克的装甲产生了有害作用，坦克上的反应装甲解决了这一问题。当炮弹打到装甲上时，反应装甲会自行爆炸，反应装甲爆炸所产生的反作用力将炮弹反推回去或者使炮弹的方向发生变化，从而抵消了炮弹对坦克装甲的破坏作用，如图5.31所示。

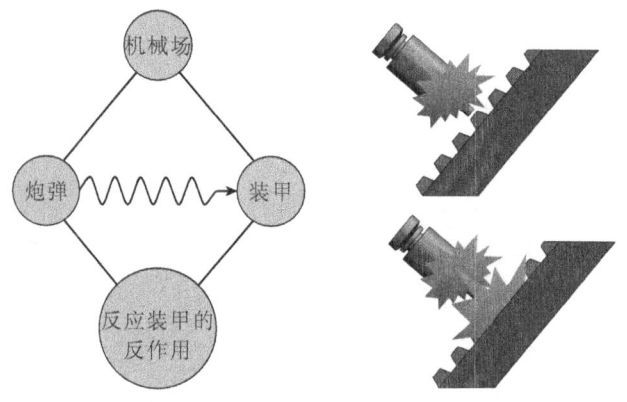

反应装甲爆炸时产生由里到外的爆炸射流，能够很好地分散
来袭的空心装药破甲弹爆炸时产生的高温金属射流

图5.31 反应装甲运用爆炸产生的反作用力抵消炮弹的有害作用
（来源：http://tieba.baidu.com/p/2816210192）

5.5.2 第2类标准解——增强物场模型

第2类标准解应用于求解有用但作用不足的问题物场模型。阿奇舒勒版的标准解中，这一类标准解比较多，总体上分为三类，可以归纳总结为8个。前三个改变了物场模型的结构，有四个与动态化的进化趋势相关，有一个则是与开发标准解时所处的特定历史环境相关。

1. 链式物场模型

如果物质S1对S2作用不足，则可以引入第三个物质S3。S1作用于S3，然后由S3作用于S2，如图5.32所示；或者S3作用于S1，然后由S1作用于S2。这种模型被称为链式物场模型。

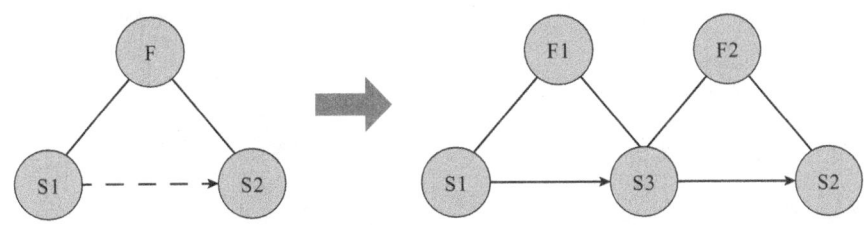

图5.32　链式物场模型

例如，在密封液体（或气体）的时候，瓶盖与瓶口结合的地方，很难密封，经常会发生泄露问题，也就是说，瓶盖密封液体（或气体）是不足的。一般采用在瓶盖与瓶口之间加入一个密封垫（图5.33）的方式来解决。即通过的瓶盖挤压来固定密封垫，由密封垫来阻止液体，这样就实现了对液体的良好密封，如图5.34所示。

图5.33　密封垫

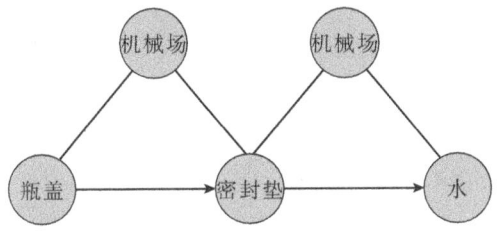

图5.34　引入密封垫构成双物场模型

再比如，在拧罐头瓶盖的时候，由于手与罐头瓶盖的摩擦力不够，可以在手和罐头瓶盖之间引入一块抹布，即手作用于抹布，抹布作用于罐头瓶盖上，就可以较容易地打开罐头瓶盖了，如图5.35所示。

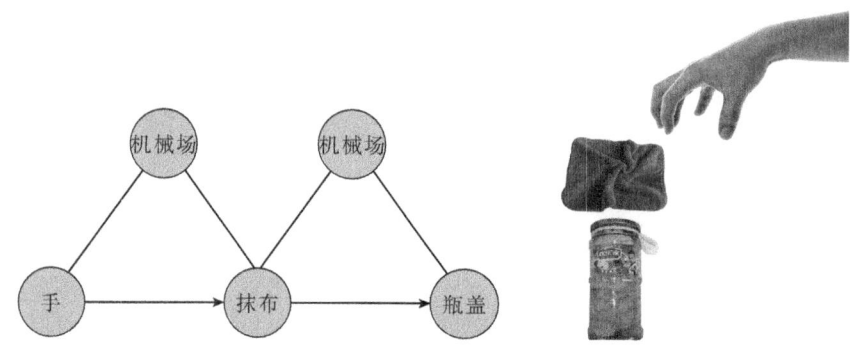

图5.35 引入抹布构成链式物场模型

2. 双物场模型

如果物质S1对物质S2作用不足，则可以引入第二个场（甚至多个场），由两个场共同作用，以增强两个物质的作用，如图5.36所示。

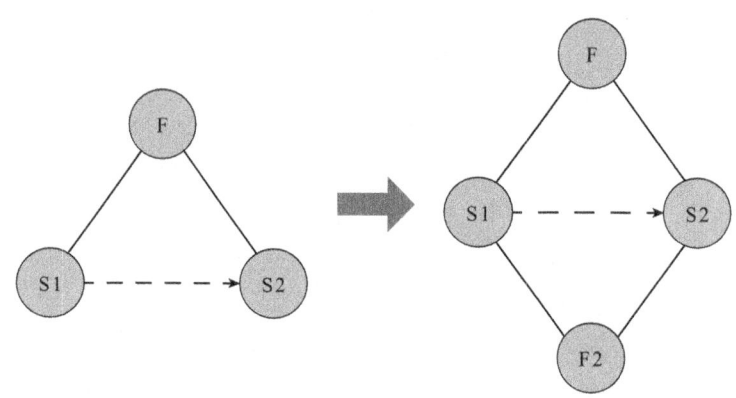

图5.36 双物场模型

例如，在用水进行清洗的时候，有时部件上的污垢难以处理掉，此时可以引入第二个场，如超声、热场（对超声槽中的水进行加热）或者化学场（在水中添加清洗剂，或其他化学溶剂等），增强清洗效果，有效去除污垢，如图5.37所示。

又比如，对于一些比较坚硬的食物或者硬塑料等，直接用刀切比较困难，而且切割的断面不平，可以在刀上加上超声，在超声的振动之

5.5 标准解详解

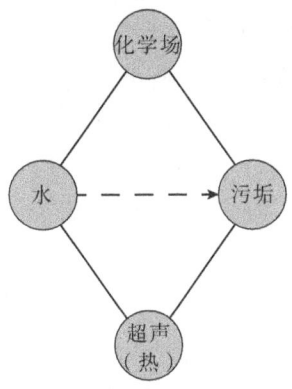

图5.37 添加超声或热场形成双物场模型

下,不需要费多大的力气,就可以很容易地将这些坚硬的材料切断,而且断面非常平整。在这个案例中,超声就是除机械场之外的第二个场,如图5.38、图5.39所示。

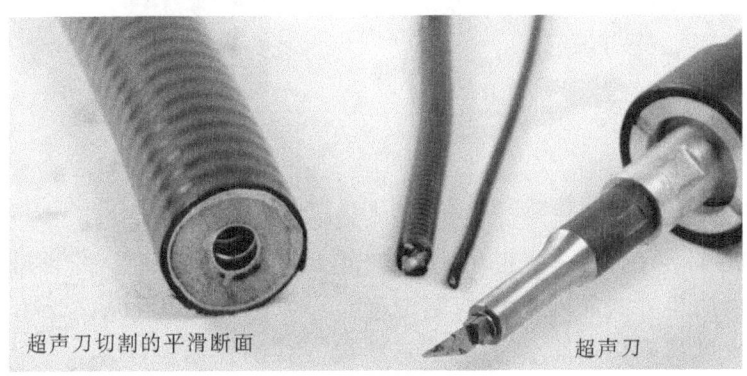

图5.38 用超声切割刀切割硬质材料

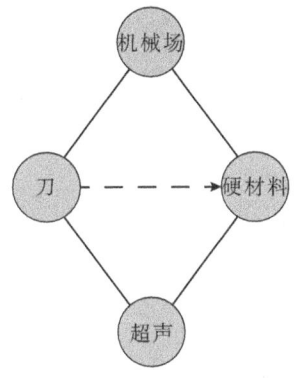

图5.39 添加超声形成双物场模型

105

3. 运用更加容易控制的场

如果原来的场不容易控制，则可以考虑用更加容易控制的场、反应更快的场、更加精确或者准确的场来代替原来的场。一般来说，场的可控程度按以下顺序越来越可精确操作：重力场→机械场→声场→热场→磁场→电场→电磁场。但运用的时候需要注意，根据不同的情况来引入。

例如，机械鼠标运用桌面与滚珠的摩擦使滚珠转动，来控制电脑屏幕上光标的位置，但这种方式精度比较低，不太准确，可以改用更加容易控制的激光来代替机械滚珠，能够更加精确地定位电脑屏幕上光标的位置，如图5.40所示。

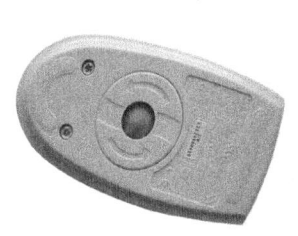

图5.40　鼠标的控制由不易控制的机械滚珠变为更容易控制的激光

再比如，在某些工艺中需要加热，传统的加热方式为燃烧煤炭等，这种加热方式很难精确控制温度。可以采用更加容易控制的电场来加热，通过精确调节电流、电压等参数，精确控制温度。

4. 物质的动态化

在《TRIZ：打开创新之门的金钥匙I》中我们阐述了动态性的进化趋势，运用物质的动态化，即物质进化的时候，沿着如下一条线进化：单体→不均匀的单体→加入一个铰链后形成双体→加入多个铰链后形成多体→柔性→粉末→液体→气体→等离子体→场。通过让两个物质中的一个物质（或者两个物质）越来越动态化，可以增强两个物质之间的作用，如图5.41所示。

例如，在消防、供暖、中央空调、水处理等场合，供水需要有稳定的压力，如果供水压力波动过大会导致安全阀频繁开启、关闭，用于补水的水泵也需要反复启动，能耗比较大，设备的寿命也会大幅降低。

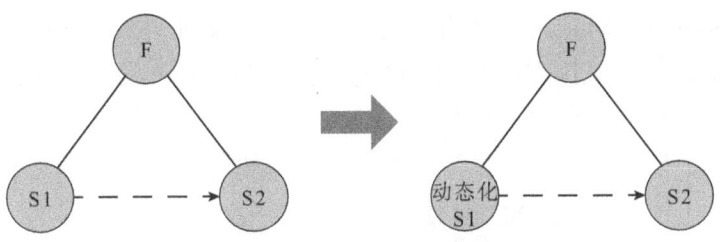

图5.41 动态化物质

可以采用柔性的隔膜稳压罐,当压力出现剧烈波动时,利用气囊的柔性和气囊中气体的膨胀和收缩来吸收压力的波动,从而起到稳压的作用,如图5.42所示。

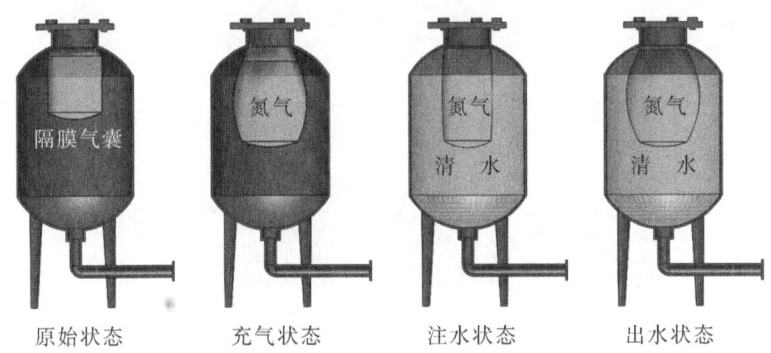

图5.42 隔膜稳压罐
(来源:http://www.shzhongqiu.com/zhongqiu-Products-6995182/)

5．分割物质

如果物质S1与物质S2作用不足,则可以将S1或S2进行分割使其成为分节、板状、细丝或者微粒等形态以提高效率,如图5.43所示。

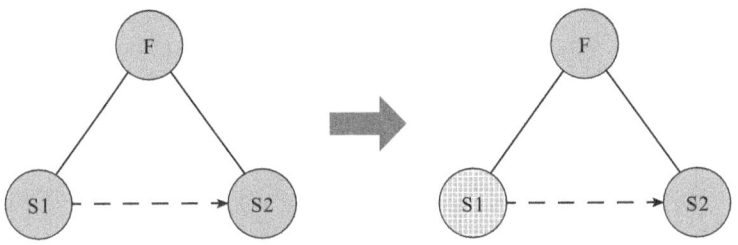

图5.43 应用分割增强物场模型

比如,在斜拉索大桥中,为了提高拉索的强度,每根拉索并不是单根粗的钢筋，而是用很多根细的钢丝绞在一起形成的。例如，中国的苏通大桥所用的斜拉索就是由300多根直径为7mm的镀锌细钢丝组成；著名的美国旧金山金门大桥也是采用这种方法来提高强度的，它的主斜拉索是由27572根细钢丝组成，而并非单根粗的钢筋，如图5.44所示。

图5.44 斜拉索由许多根细丝组成

再比如，在许多化学反应中，需要用到催化剂，为了提高效率，通常采用粉状的催化剂，而不是用块状的催化剂。因为粉状的催化剂与反应介质之间有更大的接触面积，可以提高反应效率。

6. 引入气泡或者多孔结构

如果物质S1对物质S2的作用不足，则可以考虑将物质S1或者物质S2变为泡沫或者有多孔结构的物质，如图5.45所示。

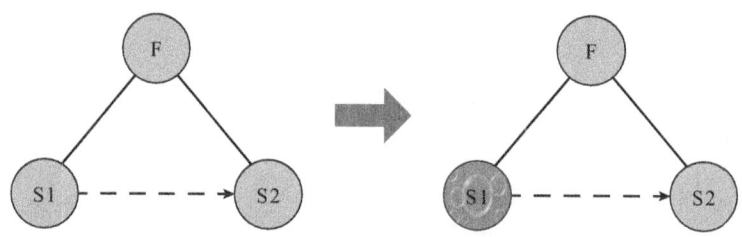

图5.45 引入气泡或者多孔结构

比如，在快递运送包裹的时候，通常会发生颠簸，仅用纸箱来吸收震动的能量显然是不够的。将充气袋或泡沫材料填充在包装箱中，可以大幅降低快递物品的破损率，如图5.46所示。

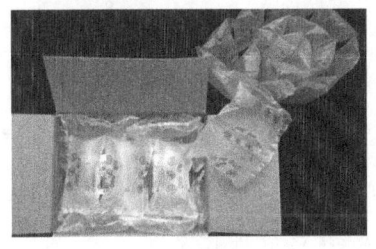
(a) 充气袋

(b) 泡沫箱

图5.46 充气泡沫

再比如，为了提高衣物的御寒能力，通常会用疏松的材料或者容易留存空气的材料，如棉花、羽绒、羊毛等。有一些用作被子的填充材料的纤维，本身就是中空的，如图5.47所示。

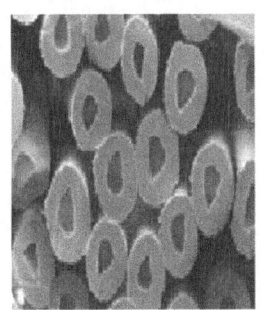

图5.47 羽绒和羽绒的纤维放大图

7. 韵律协调

如果物质S1对物质S2的作用不足，则可以考虑将它们的场动态化起来。关于场的动态化我们在《TRIZ：打开创新之门的金钥匙I》中已经有详细的阐述，即可以将场进行以下改变，恒定的场→空间上有梯度的场→随着时间可变的场→按一定固有频率变化的场→能与作用对象发生谐振的场→相干的场等，如图5.48所示。

例如，在采矿的时候，经常会用水枪产生高压的水将矿石击碎，对于有些比较结实的矿石，水枪的效率比较低。为了提高效率，通常将水枪喷水击打矿石的动作由恒定的（即水流是连续的）改为脉冲式的，这样可以大幅提高采矿的效率，节约用水量。如果将水枪击打岩石的

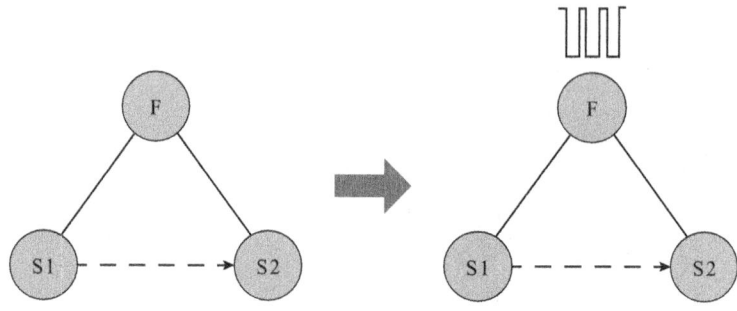

图5.48 使场F变得有节奏

频率调节得与矿石固有频率接近,则可以发生共振,从而进一步提高效率,如图5.49所示。

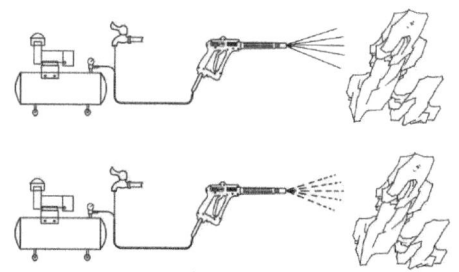

图5.49 用脉冲的方法提高采矿效率

8. 运用磁场

如果物质S1对物质S2的作用不足,则可以考虑运用磁场,如图5.50所示。

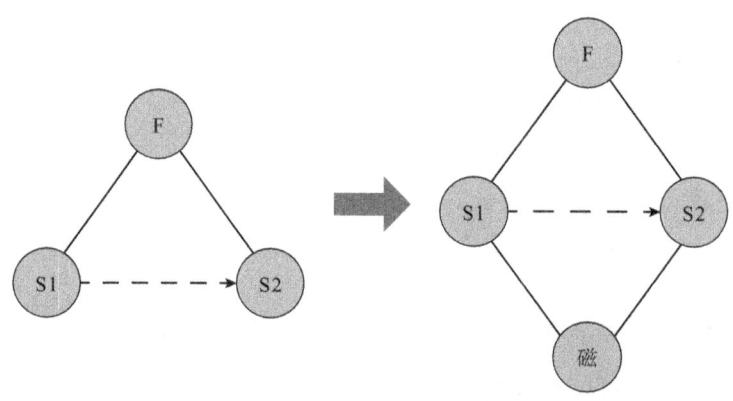

图5.50 运用磁性增强物场模型

在经典TRIZ中，这个标准解其实是几个与磁性相关的标准解的组合，在这里我们将其综合为一个。需要说明的是，在经典TRIZ标准解系统中，与磁性相关的标准解个数比较多，这其实与标准解开发时期的历史背景相关。在二十世纪七八十年代，苏联运用磁性进行发明比较盛行，因此当时产生了大量与磁相关的专利。

例如，早期的冰箱门比较难以密封，密封不好的地方接触到空气中的水汽很容易结霜，为了有效阻止空气进入（或逃出）冰箱，可以在橡胶圈中混入铁磁粉体材料，并在冰箱门框加上磁铁，通过磁场吸合以加强密封，如图5.51所示。

图5.51　磁橡胶密封垫

5.5.3　第3类标准解——转换到超系统和微观系统

第3类标准解仍然是面向解决有用但不足的物场模型，但与第2类不同的是，第2类标准解倾向于改变物场模型中的各个要素，即物质S1、物质S2或者场F。第3类标准解不再限于物场模型中的三个基本要素，而是从超系统或微观系统中寻求解决方案。

1．单－双－多

如果物质S1对物质S2作用不足，可以尝试运用多个物质S1或者多个物质S2，以提高效率。第3类标准解中第2～第4都是对这个标准解的延伸，如图5.52所示。

例如，在手术室中，单一的灯产生的光不太均匀，有的地方可能会出现黑影，会妨碍手术的进行。为了解决这一问题，通常采用在不同位置放置多个照明灯，以消除阴影，形成无影灯，从而提升照明效果，如图5.53所示。

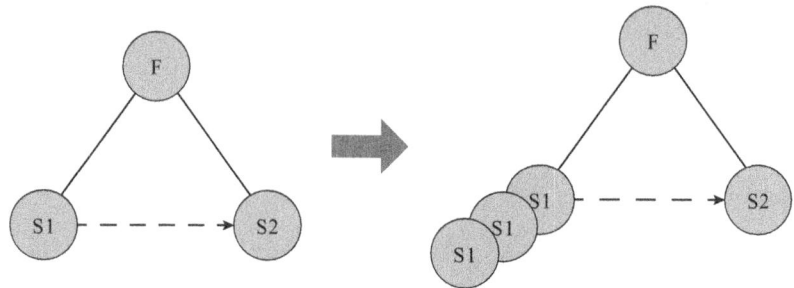

图5.52 单-双-多物场模型

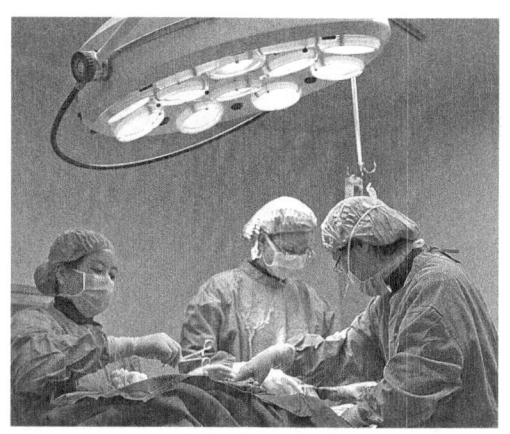

图5.53 手术室用的无影灯

2. 不同的单-双-多

如果物质S1对物质S2作用不足,可以尝试运用多个物质S1或者多个物质S2。与上一个标准解不同的是,多个S1或多个S2不一定是完全一样的,而可以是不同的。而且通常会越来越不同,差异越来越大,直到差异大到完全相反。一般来说,它会沿着下面这条路径逐渐变化:一个物质→两个完全相同的物质→多个完全相同的物质→至少有一个参数不同但主要功能和工作原理相同的多个物质→虽然主要功能相同但工作原理不同的多个物质→主要功能不同的多个物质→功能完全相反的物质,如图5.54所示。

以用于书写的工具——铅笔为例,可以尝试运用这一条路线。最开始的时候只有一支铅笔,为了使用方便,可以引入多支铅笔(多个完全相同的物质),这样当一支铅笔出现问题的时候,可以立即换另外一

5.5 标准解详解

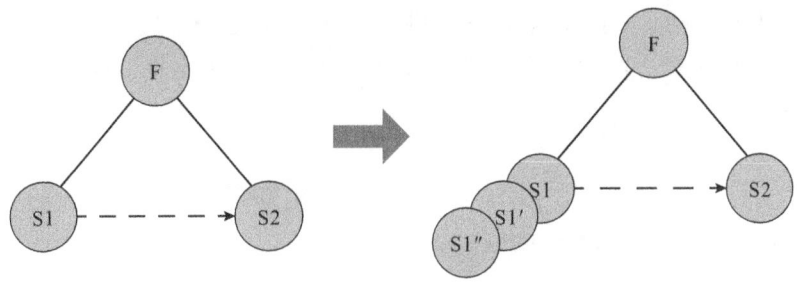

图5.54 有差异的单-双-多物场模型

支；还可以引入多支不同硬度、不同粗细、不同颜色的铅笔（至少有一个参数不同但主要功能是相同的），用于不同的用途；还可以在铅笔中集成圆珠笔或水笔（虽然主要功能相同但工作原理不同的多个物质），从而用途更加广泛；还可以在铅笔的头上加照明灯（主要功能不同的多个物质），以方便在黑暗的条件下也可以书写；还可以在铅笔上集成橡皮或者涂改液（功能完全相反的物质，用铅笔涂布墨迹，而用橡皮去除墨迹），如果写错了，可以用橡皮去除墨迹，如图5.55所示。

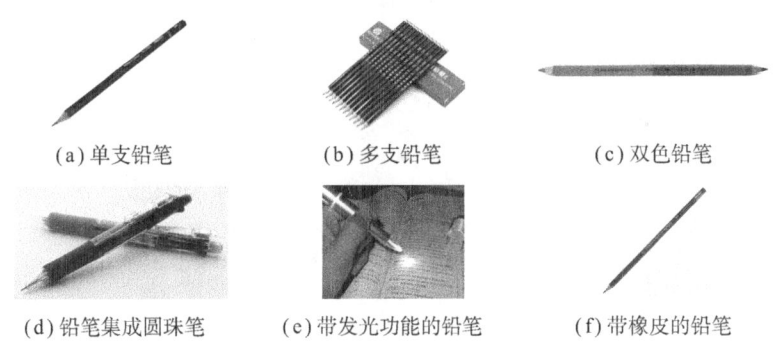

(a) 单支铅笔　　　(b) 多支铅笔　　　(c) 双色铅笔

(d) 铅笔集成圆珠笔　(e) 带发光功能的铅笔　(f) 带橡皮的铅笔

图5.55 铅笔的单-双-多物场模型

3. 多个物质之间的连接

当多个物质集成在一起的时候，很大可能是需要有连接的。其连接的形式也是沿着这么一条主线，即无连接→刚性连接→柔性连接→场连接。

例如，普通的近视眼镜透光率很高，但当光很强的时候，也需要透光率低的镜片，也就是墨镜的镜片。为满足有时透光率高、有时候透光率低的需求，可以将两种眼镜片集成在一起。两副眼镜可以是各自独立的（无连接），也可以用一个供墨镜镜片翻起来的铰链将二者连接起来（柔性连接），还可以用磁场将墨镜吸在近视镜上（场连接），如图5.56所示。

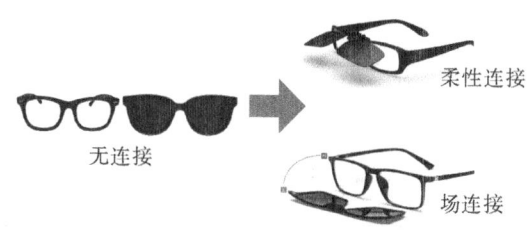

图5.56 眼镜之间的连接情况

4. 剪裁掉多余的组件

当多个系统集成在一起的时候，由于有些资源是重叠的，所以这些资源出现冗余时，可以共享某些资源，而将另外一些资源剪裁掉。

例如，将两把椅子集成在一起的时候，由于以前每把椅子都有4条腿，两把椅子有8条腿，当它们集成在一起之后，只需要4条腿就够了，另外4条腿可以被剪裁掉，如图5.57所示。

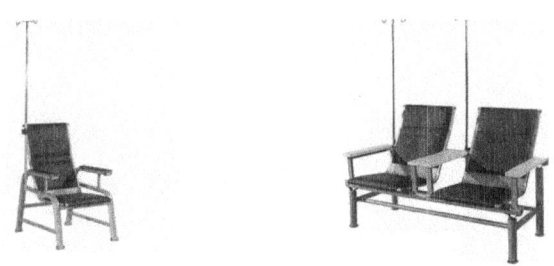

图5.57 当多把椅子集成后，可以去除多余的组件

又比如，现在每个单一的电子设备，如手机、电脑、夜视仪等都有独立的电源，当它们被集成为一体的可穿戴设备时，可以去掉各自的电池而共用一个电池。

5. 向微观系统转换

如果物质S1对物质S2作用不足，则可以通过将物质S1或物质S2从宏观向微观转变，以提高效率。系统或者部件均可以被能够与场相互作用而实现所需要功能的更低级别的物质代替。一种物质有很多的微观形态（如晶格、分子、离子、原子、基本粒子、场等），因此，在解决问题时可以考虑各种转换到微观级别或各种从一个微观级别转换到另一个较低层级别的方案。

例如，在制造玻璃的过程中，高温炙热的软玻璃片（用来制造厚玻璃板）很软，在传送带上移动的时候，很容易在滚筒之间发生下陷变形。可以让高温的玻璃片浮在熔化的液态金属锡槽上，就能在运送热玻璃片时保持玻璃片的平坦。采用这种方法获得的玻璃平度好，不会产生水波纹，如图5.58所示。

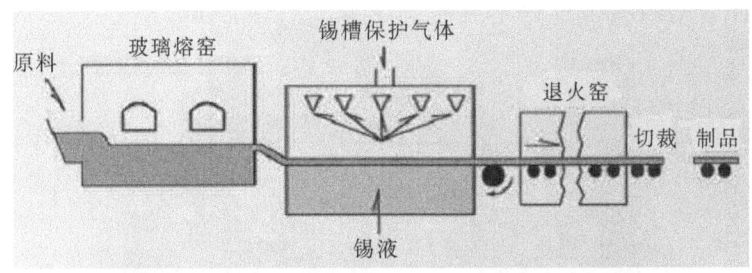

图5.58 浮法玻璃通过浮动在锡液的表面使玻璃不会变形

5.5.4 第4类标准解——测量和检测

这一类标准解与上面的三类标准解不同，这一类标准解是专门用于解决测量和检测问题的。本类标准解在简化（合并）后，大体有以下6个。

1. 改变工程系统，使测量不再需要

对工程系统（或者过程）进行改变，从而没有必要再进行测量，这一点类似于"防错"。

例如，一些桥梁或者山洞的高度或者宽度有限，有些高度或宽度超限的车辆经过的时候,有必要对车辆的高度和宽度进行测量,以防止车上的物品破坏桥梁或山洞,或者防止桥梁或山洞破坏车上的物品,但测量车的这些参数的时候,车必须停下来,测量的过程也比较慢。可以在靠近桥梁或者山洞的外面,加一限高或限宽装置,低于这一高度或宽度都是安全的。如果车辆可以通过限高(宽)装置,则说明车辆是可以安全地通过桥梁或山洞的。如果不能通过限高(宽)装置,则说明车辆是超高或者是超宽,不允许超限车辆通过。限高(宽)装置使得对车辆高度或者宽度的测量过程不再需要,如图5.59所示。

图5.59 限高(宽)装置使得对车的测量不再需要

2. 测量复制品

当不能直接测量一个物质或场的时候,可以测量这个物质的复制品,例如它的图像、模型、影子等,而不是这个物质本身。

例如,医生在进行诊断的时候,需要观察某一部位(如骨头或者肺部等)是否产生了病变。直接观察是不可能的或者是非常困难的,可以用X射线或CT成像的方法,得到这一部位的图像(即复制品),通过观察图像来判断是否发生了病变。

图5.60(左图)是X射线的发现者科学家伦琴,他为夫人拍摄的X射线照片是世界上第一张X射线照片。目前X射线成像被广泛应用于医学、工业等检测领域。

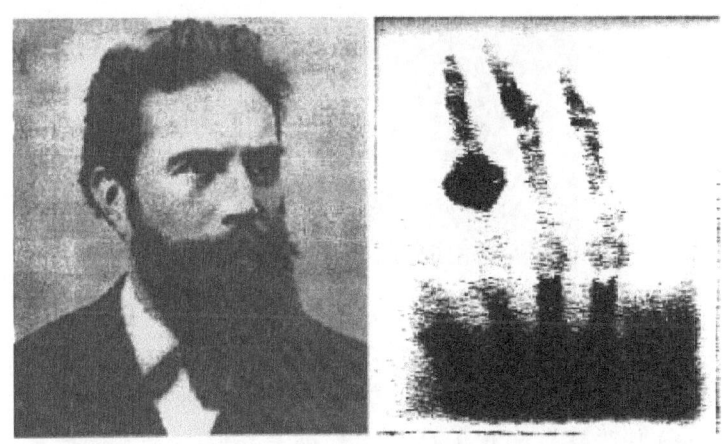

图5.60 科学家伦琴以及他拍摄的第一张X射线照片

3. 引入一个可以产生场的物质（即内部或外部标记物）

如果一个物质难以进行检测和测量，可以通过向被测对象中引入一种易于检测的添加物，使原物场模型转换为内部或外部复合物场模型，以此来解决问题，如图5.61所示。

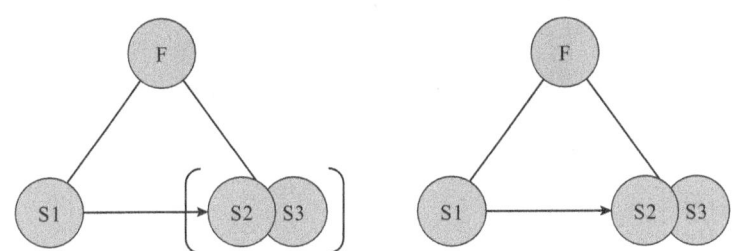

图5.61 引入有指示作用的物质形成复合物场模型

例如，在判断大额纸币真伪的时候，如果直接用肉眼或者手感来辨别，通常识别率比较低。通常在纸币表面加入荧光物质，在强紫外线的照射之下，荧光物质可以产生明亮的荧光，以此可以判断纸币的真伪。这些荧光粉就是内部添加物，如图5.62所示。

再比如上面所提到的，天然气本身是没有颜色也没有气味的，如果天然气管道发生泄漏很难被发现。可以在天然气中加入有臭味的微粒，如果天然气发生泄露就会被人闻到。这些能够产生气味的微粒就是内部标记物。

图5.62　通过在纸币表面添加荧光物质来鉴别真伪

再比如，有些儿童或者宠物容易走失，由于缺少必要的信息，非常难以判断他们所属的亲人或者联系人。可以在他们身上适当的位置附上铭牌，铭牌上记录一些基本信息，如姓名、联系方式、住址、紧急联系人等，以方便联系。这些铭牌就是外部标记物，如图5.63所示。

图5.63　防走失铭牌

4. 测量物场模型

测量物场模型指的是在不太容易测量的时候，可以用一种场F1去激发另外一种场F2，通过测量F2，得到需要的测量结果，如图5.64所示。

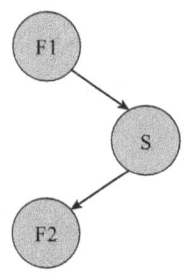

图5.64　测量物场模型

又如，世界上第一颗原子弹爆炸的时候，为了评估爆炸的威力，著名物理学家费米通过向空中抛洒碎纸片，来判断原子弹爆炸所引起的风的大小，以此来推测原子弹爆炸的当量。

例如，欲检测某一物质中各元素的成分，通常用X射线去轰击这种材料。组成材料的各个元素的原子在受到轰击后激发出X射线荧光，通过测量被激发出来的X射线荧光光谱的能量来推测物质中某一元素的含量。即用一个场（原级X射线）激发待测物质，产生另外一个场（荧光X射线），通过荧光X射线来判断待测物质的成分，如图5.65所示。

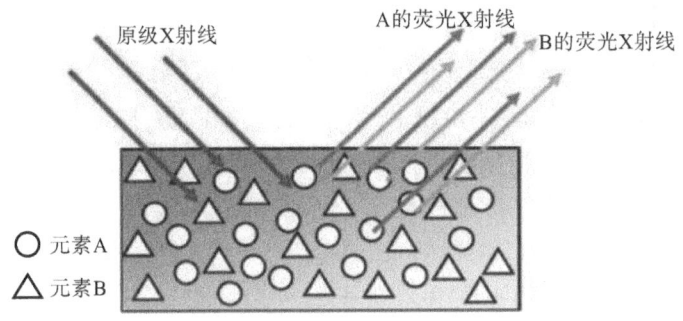

图5.65 通过X射线产生的荧光X射线来判断待测物质的成分

再比如，要在液氮管道的出口检测是否有液氮溢出，可以在液氮的出口安装一个温度传感器，如果有液氮溢出，则温度传感器探测到的温度将会急剧下降，触发报警。

5. 在环境中引入添加物测量物场模型

如果不能在系统中引入添加物，可以在环境中引入添加物，利用添加物产生的测量物场模型来进行测量。

例如，据统计有相当比例的人曾经在游泳池里小便，这种行为非常隐蔽，很难被监测到，但这些溶解在水中的尿液对人体是有害的。科学家们发明了一种方法，即在游泳池的水中加入可以溶于水的含锌离子的物质，它可以跟踪人类尿液的痕迹，并通过显色当场标记，让这种不文明的行为无法遁形，如图5.66所示。

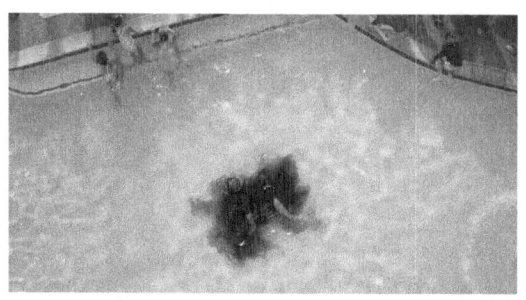

图5.66 通过向泳池中添加物质来判断是否有人小便

6. 利用物理效应和现象

可以利用过程或者产品所产生的物理效应间接进行测量。

例如，胎心和胎动是检测胎儿生命体征的重要方法，如果胎心和胎动出现了异常，就需要视情况进行及时、恰当的处理。可以利用多普勒效应间接进行测量。将超声波束的一部分入射通过人体组织后投射到胎心运动表面，由于多普勒效应，超声波的频率会发生一定的频移，这些频移信号被接收器接收并经数据处理后，可以得到胎儿的心率等数据，如图5.67所示。另外，多普勒效应除了在医学领域有非常广泛的应用之外，还被广泛应用于各个领域，如交通领域用于监测车辆是否有超速、检测飞机巡航速度，工业领域用于测量液体的流速，天文学领域用于测量天体的运行特征等。

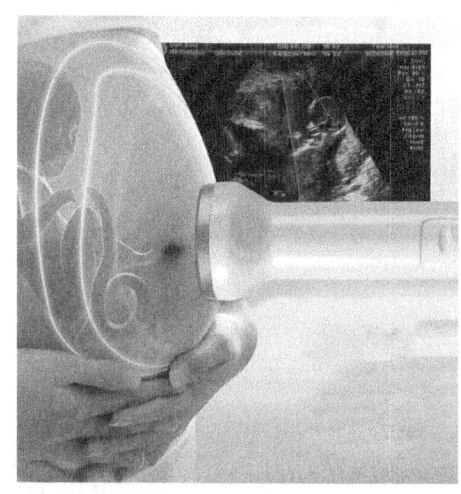

图5.67 运用多普勒效应检测胎心的健康状况

5.5.5 第5类标准解——关于标准解应用的标准解

这一类标准解是关于标准解应用的，是不能向工程系统中添加物质时应该采取的解决方案。即我们需要解决这样一个矛盾，某一解决方案要求向工程系统中增加物质，但现实条件却不允许增加物质。这一类标准解比较常用的有以下几个。

1. 引入空物质

如果工程系统中需要引入物质，但现实条件又不允许引入，则可引入空隙，如空气、真空、气泡、泡沫、间隙、孔等。

例如，为了提高保温杯的保温效果，通常需要使用保温材料，但保温材料太厚，影响美观。为了解决这个问题，可将保温杯的夹层抽成真空，利用真空的热绝缘性能来提高保温效果。具有真空玻璃的窗户还可以用于房屋的保温等，如图5.68所示。

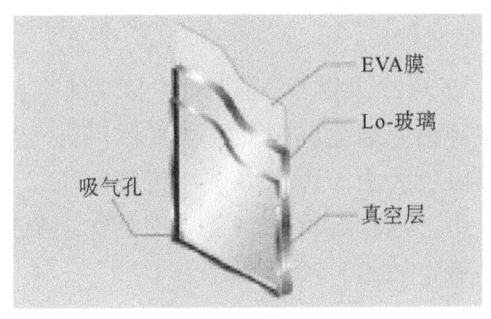

图5.68　真空玻璃

又比如，一些电子产品需要用激光照射到焊料上，产生高温，将焊料熔化，但焊料的表面过于光亮，很容易将激光反射出去，所以效率比较低。如果在焊料中加入其他成分，降低焊料的反射率，则会改变焊料的组分，从而改变焊料的化学性质和物理性质，影响焊接的质量。其中一个解决的方案是使用泡沫金属焊料，具体做法是在高温下将焊料熔化，在液态焊料中加入空气形成焊料金属泡沫，金属重新凝固后，形成含有泡沫的金属焊料，泡沫焊料的表面反射率显著降低，能够吸收更多的激光，这样可以大大增强焊料对激光的吸收率，空气逃逸后，不会在焊点残留，不会影响焊点的质量，如图5.69所示（来源：GENTRIZ培训材料）。

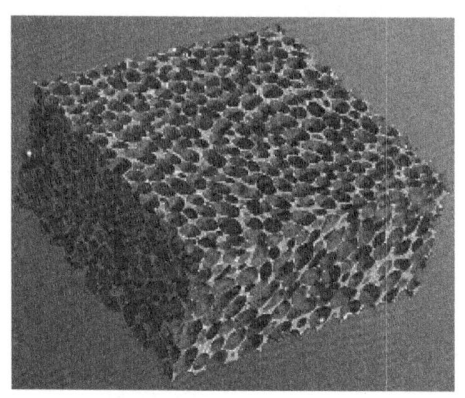

图5.69 泡沫焊锡

2. 临时引入物质,然后将其去除

如果工程系统中需要引入物质,但现实条件又不允许引入,则可以临时引入该物质,在完成某种功能后,这个物质又可以自动消失或者将其移除。

例如,某些顾客从冰淇淋店买到冰淇淋带回家的途中,通常需要保温以防止冰淇淋在路上融化,因此需要在冰淇淋包装袋中放入冰块,但冰块融化后会泡湿包装盒。可以以干冰代替冰块,干冰在汽化的时候能够起到制冷的作用,汽化后就可以变成二氧化碳消失了,不会对冰淇淋和包装盒造成影响,如图5.70所示。

图5.70 用干冰防止冰淇淋融化

3. 在某一地点集中引入某物质

如果工程系统中需要引入物质,但现实条件又不允许引入,则可以在需要这个物质的地方集中引入，而不是大面积引入。

例如，有些病人得了严重的病需要药物治疗，但通常普通的药物进入体内后仅有极少一部分能够真正作用于发生病变的部位，也就是说，这些药物在杀死坏细胞的同时，还会杀死好的细胞，产生严重的毒副作用。靶向药物很好地解决了这一问题，靶向药物或其载体能瞄准特定的病变部位，并在目标病变部位蓄积或释放有效成分。它可以使药物在目标区域局部形成相对较高的浓度，从而在提高药效的同时抑制毒副作用，减少对正常组织、细胞的伤害，如图5.71所示。

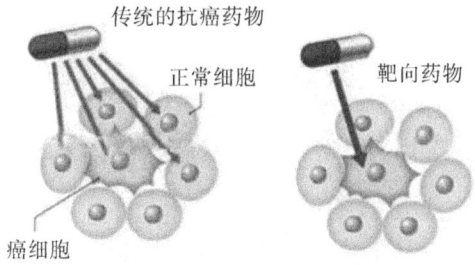

图5.71　传统抗癌药物和靶向药物作用示意图
（来源：http://www.cas.cn/syky/201807/t20180709_4657439.shtml）

4．引入场

如果工程系统中需要引入物质，但现实条件又不允许引入，则可以引入场，而不是物质。

例如，需要将一些小工具，比如开瓶器等放在冰箱上，但冰箱上又不能有钉子或挂钩影响美观，则可以让开瓶器带上磁性（磁场），利用磁场的作用将开瓶器吸在冰箱上，如图5.72所示。

图5.72　带磁性的开瓶器可吸附在冰箱上

5. 运用一种场产生另外一种场

如果不能直接引入一种场，则可以运用一种场来产生另外一种场。

例如，起重机可以用磁场来吊起很重的货物；选矿的时候可以用磁铁将有磁性的物质吸住；电气装置中可以用磁场执行开关的通断动作。在这些运用中普遍面临一个问题，就是需要有磁场来执行这些功能，但又需要适时关断磁场，否则起重机无法卸货，矿石也无法释放，开关也会一直处于吸合状态或者关闭状态。可以运用电磁铁代替永磁体，即用电场产生磁场来解决以上这些问题。其中涉及多个场的转换：电场→磁场→机械场，如图5.73所示。

图5.73　电磁铁起重机

6. 引入能产生场的物质

如果不能引入场，可以考虑运用能够产生场的物质。

例如，需要对人体的某个部分进行诊断，通常运用CT（电子计算机断层扫描）方法成像，但CT利用X射线由外而内多次穿透人体，因此辐射剂量高。如图5.74所示，可以运用PET（正电子发射断层成像）

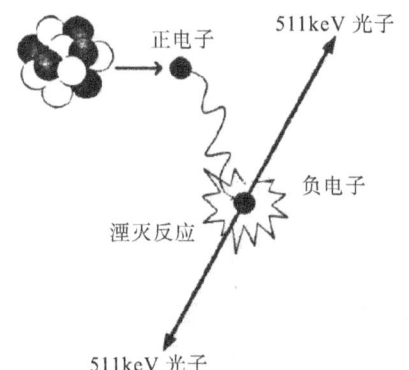
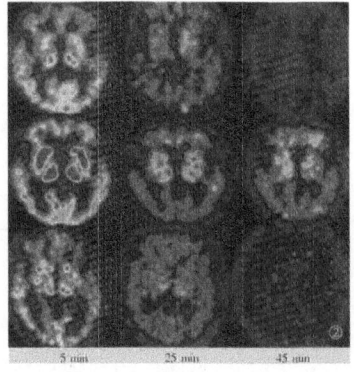

图5.74　PET成像原理图

的方法，将能够发射正电子的药物摄入人体，运用病变部分新陈代谢旺盛的特征，正负电子发生湮灭释放出高能γ射线对，可以通过对γ射线的定位精确诊断病变位置。

7. 运用相变

例如，在一些应用场合，电脑或手机的CPU等电子器件发热量很大，会降低它们的运行速度，这些器件位于主机的内部，主机内部没有足够的空间来安装风扇，即使能够安装也有可能与周边的其他组件发生干涉，无论运用风冷还是运用其他制冷方式均比较困难。目前，在电脑、手机等电子设备中广泛采用热管。热管中封有相变材料，一端位于温度较高的热端，另外一端通常位于机壳上有风冷（或水冷）的位置。在热端，相变材料蒸发吸热变成蒸气，热端的温度和压力均高于冷端，从而使得蒸气向冷端移动；在冷端发生相反的相变，由气态变为液态而放热，放出的热量在风扇的作用下扩散到大气中，液态的相变材料在重力或毛细作用下，重新回到热端，再度吸热。这样就可以把电子器件产生的热量传递到外部，从而使CPU等发热量大的电子器件降温，如图5.75所示。

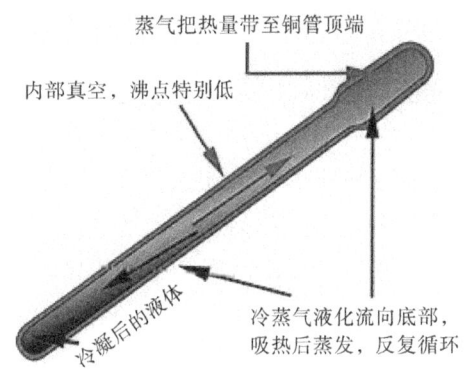

图5.75 热管的工作原理

8. 利用科学效应实现系统的自我调节

古往今来，许多优秀的科学家在研究过程中发现了大量的科学效应，我们可以运用这些科学效应来解决问题。

例如，城市及郊区的公路等场合通常需要安装路灯，以方便在黑夜中提供照明，但如果安装开关来控制路灯，就需要有人按时去打开或者关掉开关,操作不是很方便。光敏电阻解决了这一问题。运用硫化镉、硒等材料制成的光敏电阻,在外界特定波长的光的照射下,电阻显著降低。当外界的光亮度降低后,电阻又恢复到高阻值状态。利用光敏电阻的这种特性制成的光控开关,被广泛应用于路灯、草坪灯、太阳能庭院灯、照相机的闪光灯等光自动开关控制领域,与外界的光强度形成互动:外界光强的时候,关闭电路以节电;外界光弱的时候,则自动开启路灯来照明,如图5.76所示。

图5.76 利用光控开关实现路灯的自动开启和关闭

5.6 物场模型和标准解的应用流程

我们对物场模型和标准解的应用流程进行总结,如图5.77所示。

首先要明确的是,我们运用标准解系统所要解决的问题是关键问题,这些关键问题是运用现代TRIZ理论中识别问题的工具,如功能分析、流分析、因果链分析、剪裁、特性传递等工具后找出来的。

其次,我们要将所遇到的关键问题转化为有问题的物场模型。

如果是不完整的物场模型,可以到第1.1类标准解中寻找合适的标准解。

如果是有害的物场模型,应该到第1.2类标准解中寻找合适的标准解。

如果是不足的物场模型,应该到第2和第3类标准解中寻找合适的标准解。

如果是与测量和检测相关的，应该到第4类标准解中寻找合适的标准解。

如果前四类标准解中推荐我们要加入某个物质，但现实条件又不允许我们引入物质，应该到第5类标准解中寻找合适的标准解。

读者可以运用图5.77所示的流程图，根据不同的问题类型到相应的标准解类别中寻找推荐的标准解，继而产生自己的解决方案。

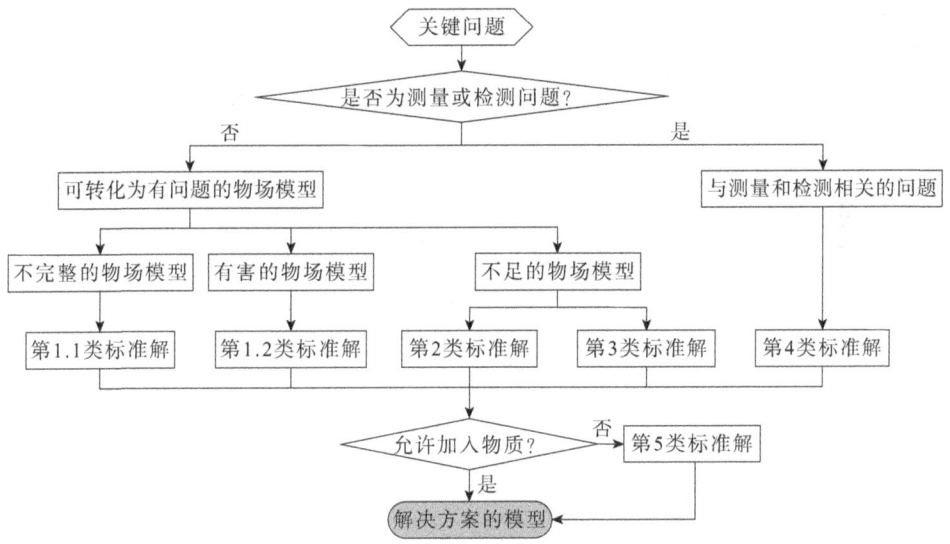

图5.77　物场模型和标准解解决问题的路线图

5.7　物场模型和标准解总结

最后，我们以表格的形式对物场模型和标准解进行一个总结，如表5.1所示。

表5.1　常用及归并之后的标准解列表

物场模型和标准解			
问题的物场模型	标准解类别	标准解	个数
不完整物场模型	第1.1类	完善物场模型 引入内部添加物保证最低限度可行 引入外部添加物保证最低限度可行	5

续表5.1

问题的物场模型	标准解类别	标准解	个数
不完整物场模型	第1.1类	改变外部环境	5
		最小–最大模式（包含最大模式：加入过量再消除多余，最小模式：少量不足再局部增加，以及最大–最小模式）	
有害的物场模型	第1.2类	在给定的两种物质之间引入第三种物质S3	5
		在两种物质之间从超系统引入第三种物质S3	
		在两种物质之间引入给定的两种物质S1或S2改进的物质	
		引入一个牺牲品吸收有害的作用	
		引入场来抵消有害作用	
有用但不足的物场模型	第2类	链式物场模型	8
		双物场模型	
		运用更加容易控制的场	
		物质的动态化	
		分割物质	
		引入气泡或多孔结构	
		韵律协调	
		使用磁场	
	第3类	单–双–多	5
		不同的单–双–多	
		多个物质之间的连接	
		剪裁掉多余的组件	
		向微观层级过渡（智能物质）	
测量或检测	第4类	改变工程系统，使系统不再需要测量	6
		测量复制品	
		引入一个可以产生场的物质（即内部或外部的标记物）	
		测量物场模型	6
		在环境中引入添加物测量物场模型	
		利用物理效应和现象	
标准解的运用	第5类	引入空物质	8
		临时引入物质，然后将其去除	
		在某一地点集中引入某物质	
		引入场	
		运用一种场产生另外一种场	
		引入能产生场的物质	
		运用相变	
		利用科学效应实现系统的自我调节	

5.8 小　结

在本章，我们对各种问题的物场模型，以及解决它们的常用标准解进行了详细的描述，需要注意的是，我们这里所列出的标准解是经过归并后的，并去掉了一些不太常用的标准解，是对阿奇舒勒版的标准解的简化。在运用标准解的时候，要先将需要解决的关键问题转化为不同类型的有问题的物场模型，然后在相应类别的标准解中搜寻，在找到相应的标准解后，在它的启发之下产生解决方案。

正如我们在《TRIZ：打开创新之门的金钥匙I》中所提到的，在TRIZ理论中，各个解决问题的工具有很多重叠，它们本质上都是进化趋势。标准解也是一样的。发明原理的本质也是进化趋势，因此，标准解和发明原理都是进化趋势的表现形式。只是对于不同的问题的模型，不同的工具在运用的时候更加方便而已。与发明原理所给出来的模糊解决方案相比，标准解所给出来的解决方案更加明确、具体，因此，在解决实际工程问题的时候，标准解较发明原理具有更高的使用频率，更有实际意义。

第 6 章

发明问题解决算法（ARIZ）

继前面介绍了TRIZ理论中几个解决问题的工具，如发明原理、标准解系统、功能导向搜索之后，本章我们将介绍TRIZ理论中一个功能非常强大、能够综合运用多种工具来解决问题的工具——ARIZ。

6.1 ARIZ 总体介绍

ARIZ是俄文中发明问题解决算法（Algorithm of Inventive Problem Solving）的缩写。它是一个逐步将一个复杂的问题演化到一个容易解决的清晰的问题点上，并转化为标准的TRIZ模型后，运用相应的TRIZ工具产生解决方案的步骤列表。它是阿奇舒勒在1956年到1985年期间总结出来的解决问题的步骤，前后经历了10多个版本，其中1985年就有三个版本。它由一些步骤、规则以及一些注释构成。阿奇舒勒尝试将TRIZ解决工程问题的过程与其他学科解决问题的过程相比较，比如数学或物理。他认为解决工程问题也可以像解决小学或初中时的应用题一样，一步一步逐渐推进，而且步骤之间相互关联。前一步的输出，可以作为后一步的输入，后面的步骤也需要用到前面某个步骤的某些输出。

阿奇舒勒自1956年开始就致力于开发系统化的、逐步解决工程问题的工具ARIZ。他前后开发了多个版本的算法，每一个版本都较前面的版本有所改进，吸取了以前版本的优点，并避免了以往的缺点。尽管在阿奇舒勒之后，又有一些TRIZ大师对ARIZ进行改进，但这些版本都没有被广泛接受。我们在这里介绍的ARIZ是阿奇舒勒开发的最后一个版本——ARIZ85C，这个版本也是目前应用最广泛的。

ARIZ是经典TRIZ理论中非常强大的综合性工具，通常被用来解决一些复杂度比较高的问题，这也就决定了它并不是适合初学者的TRIZ工具。

ARIZ在现代TRIZ理论中的位置如图6.1所示。

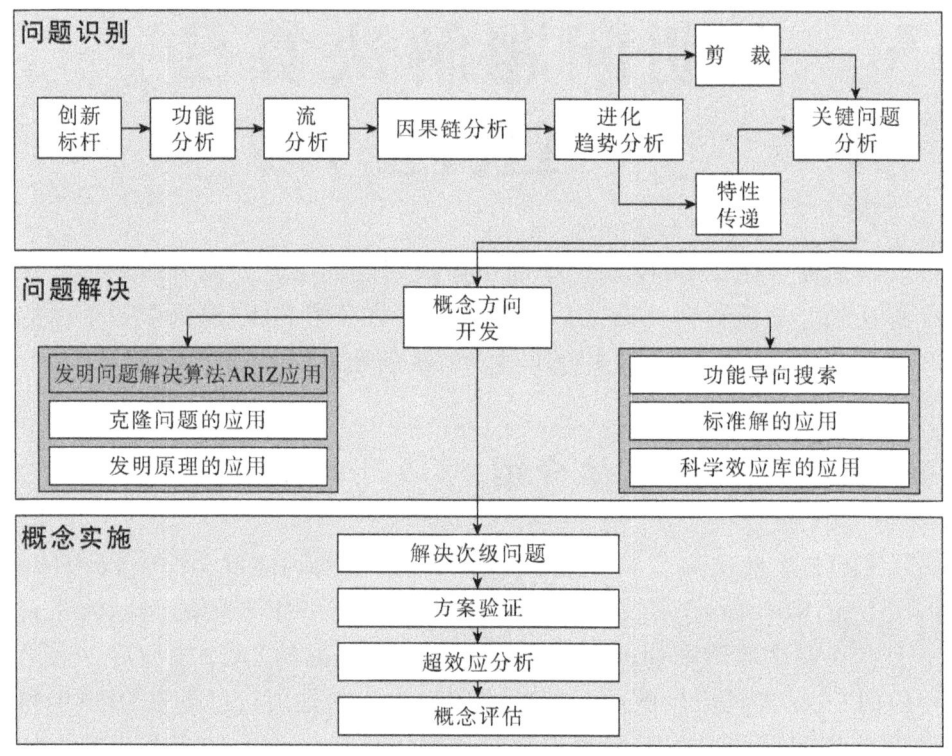

图6.1　ARIZ在现代TRIZ理论中的位置

需要注意的是，同TRIZ理论中其他解决问题的工具类似，ARIZ所解决的并不是项目团队还没有经过分析的起始问题，而是用于运用现代TRIZ理论中分析问题的工具，把项目中的问题识别清楚之后，形成的关键问题。

ARIZ85C综合运用了几乎所有的经典TRIZ工具，例如发明原理的应用、标准解、科学效应库等，包含了逐步分析问题根源的多个步骤的过程，它使最开始比较模糊的问题变得越来越明确，并最终聚焦于一点。

在应用ARIZ的过程中，在ARIZ的引导下一步步前进，它会指导我们在合适的时机运用正确的TRIZ工具。ARIZ使用流程化的步骤来解决复杂的工程问题，能够快速接近最优解。

6.1 ARIZ 总体介绍

ARIZ的目的是获得理想最终解（IFR，Ideal Final Result）。理想最终解指的是对我们所遇到的发明问题来说是最优解决方案的模型，它的目的是在对现有系统做最小改变及没有让系统参数恶化的前提下解决问题。

ARIZ的步骤比较多，要解决的问题比较复杂，而且要求对现有系统的改变最小，即在最开始的时候遇到的问题很不明确，另外，由于要求对现有系统的改变最小，也就意味着不允许引入额外的资源，尽量运用已有的现成资源来解决问题。也就是说，我们在运用ARIZ的时候，问题是很不明确的，而且可用资源又极度缺乏。如果所遇到的问题比较明确而且对解决方案的要求不高，允许对系统做出大的调整，可以运用常规的TRIZ解决问题的工具来解决，就没必要用复杂的ARIZ方法。

在沿着ARIZ指导的方向解决问题的时候，其实是沿着两条路径前进，第一条是将问题逐渐明晰的路径，第二条是把资源逐渐识别拓宽的路径，如图6.2所示。

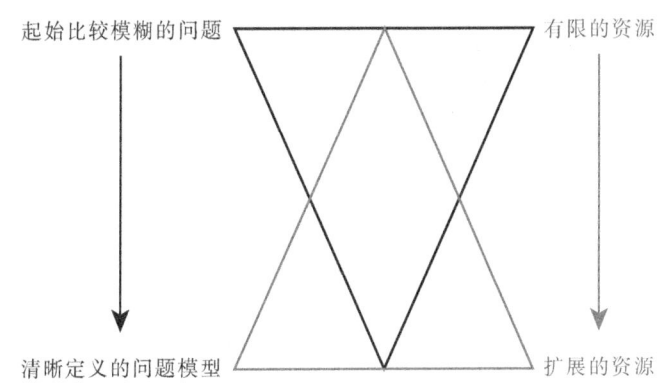

图6.2 ARIZ的问题分析及资源分析

第一条路径像一个收敛的漏斗——它将一个不清晰的混沌的起始工程问题转化为定义得非常清晰的问题模型，对问题进行聚焦，即只要解决这个分析得很清晰的聚焦问题，就可以达到项目的目标；然后再逐步转化为技术矛盾、物场模型和物理矛盾等问题的模型，并运用相应的TRIZ工具产生解决方案。

第二条路径像一个发散的漏斗——资源逐步扩展，即经过分析后，识别出更多可以被利用的资源。资源越多，问题被解决的可行性也越大。ARIZ分析并且确定不同种类物质资源和场资源的可用性。

在这两条路径的引导下，一方面起始的模糊的问题越来越明确，使问题分析几乎完全透彻，而另一方面，经过分析之后得到的可用资源越来越多。最后形成了运用众多可用资源去解决一个个已经被分析得非常明确的问题的局面，这种情形下非常有利于问题的解决。

ARIZ是一个非常复杂的综合性工具，如果没有40小时以上系统的TRIZ学习，不建议学习ARIZ。如果没有80小时以上的练习，不建议用ARIZ方法来解决实际问题。

在运用ARIZ解决问题的时候，不要进行得过快，每一步都要认真思考，反复斟酌。

另外，还需要注意的是，学习ARIZ最的好办法就是在有丰富实战经验的专家的带领下完成一个又一个的项目，在完成这些项目的过程中慢慢体会，逐渐掌握ARIZ各个步骤的逻辑、注意事项等。如果只看书本，是很难掌握并熟练运用ARIZ的，即使你把ARIZ步骤中的每一个字都记在心里，也都很难做到熟练运用。

6.2　ARIZ 的总体框架

ARIZ总共分为9大步骤。每一步骤又分很多子步骤，涵盖了问题分析、资源分析、各种解决问题的TRIZ工具，以及方案评估和对本版ARIZ的反馈等各个部分。以下是各个部分的介绍。

1. 第一部分：分析问题

在这一部分，需要完成以下内容：

（1）描述最小问题。

（2）定义有冲突的元素。

（3）用图形的方式将技术矛盾表示出来。

（4）选择其中一个冲突作为未来分析的对象。

（5）激化冲突。

（6）描述问题的模型。

（7）尝试运用标准解来解决问题。

如果问题在本部分中没有解决，则继续进行第二部分，如果问题已经解决，则可以跳到第七部分。但无论问题解决与否，ARIZ还是建议您继续进行第二部分。

2. 第二部分：资源分析

在这一部分，需要完成以下内容：

（1）定义冲突域。

（2）定义冲突时间。

（3）分析物质场资源。

3. 第三部分：定义物理矛盾和理想最终解

在这一部分，需要完成以下内容：

（1）描述理想最终解IFR-1。

（2）激化理想最终解IFR-1。

（3）识别宏观层面的物理矛盾。

（4）识别微观层面的物理矛盾。

（5）描述理想最终解IFR-2。

（6）尝试运用标准解解决物理矛盾。

如果问题在本部分没有解决，则继续进行第四部分。如果运用标准解产生的解决方案能够将问题解决，则可以跳到第七部分。但无论问题解决与否，ARIZ还是建议您继续进行第四部分。

4. 第四部分：运用扩展的物场资源

在这一部分，需要完成以下内容：

（1）运用小人法。

（2）从IFR回退一步。

（3）通过把物质资源进行组合产生的新资源。

（4）运用"空"。

（5）运用派生的资源。

（6）运用电场。

（7）运用场或者对场敏感的物质。

如果问题在本部分没有解决，则继续进行第五部分。如果问题已经解决，则跳到第七部分。

5. 第五部分：用TRIZ知识库解决问题

在这一部分，需要完成以下内容：

（1）运用标准解解决发明问题。

（2）运用克隆问题（具有相同物理矛盾的问题）来解决问题。

（3）运用发明原理解决物理矛盾。

（4）运用科学效应库和现象解决问题。

6. 第六部分：改变或者替换问题

在这一部分，需要完成以下内容：

（1）将概念转化成具体的技术解决方案。

（2）查看初始问题是否为几个问题的组合，如果是，则需要将它们分开成为各自独立的问题。

（3）转换问题。

（4）重新描述最小问题。

7. 第七部分：检查/评估所产生的解决方案（物理矛盾是否已经解决）

在这一部分，需要完成以下内容：

（1）检查解决方案的概念。

（2）对解决方案概念进行初步评估。

（3）通过专利检索检查解决方案的新颖性。

（4）评估解决方案可能会产生的次级问题。

8. 第八部分：实施所得到的解决方案

在这一部分，需要完成以下内容：

（1）评估对超系统的改变。

（2）为我们得到的解决方案寻找新的应用。

（3）将本解决方案用于解决其他问题。

9. 第九部分：对本版本ARIZ的意见反馈

在这一部分，需要完成以下内容：

（1）对比ARIZ建议的流程与实际解决问题的流程有什么不同。

（2）将解决本问题所得到的解决方案与已有的TRIZ知识体系进行对比，如果有新的发现，则可对现有TRIZ理论进行扩充。

以上是ARIZ85C中各个步骤需要完成的工作。在运用ARIZ解决实际问题的时候，第四部分及后面的各个部分相对比较容易掌握，前面三部分在实际操作的时候比较困难，注意事项比较多，因此设计了一个模板,使前三部分的操作更加容易。下面我们将着重介绍ARIZ85C前三部分的模板,详细介绍它们之间的逻辑。在二级TRIZ认证体系中,只要求掌握ARIZ整个体系的结构,特别是前三部分(到第三部分的第二步)就可以了,当然对于解决实际问题来说,前三部分也是最为重要的三部分。三级则要求熟悉整个ARIZ流程,并能够运用ARIZ解决实际项目中的技术问题。

接下来,我们将对ARIZ的各个部分进行详细的叙述,然后再结合实例对每一步进行详细的解释。

6.3 ARIZ模板及各步骤的详细解释

6.3.1 第一部分:问题模型

1. 描述最小问题

(1)有一个工程系统,它的目的是_____①_____。(说明其主要功能)

注释:用功能的语言描述我们所要解决的问题。主要功能指的是工程系统的设计目的。关于功能分析这一部分内容请参阅《TRIZ:打开创新之门的金钥匙Ⅰ》一书。这里所指的工程系统需要细化到与我们的问题相关的那个子系统,而非整个工程系统。比如说,我们知道矿泉水瓶的主要功能是装水,但如果我们所要研究的问题是矿泉水瓶口有漏水现象,经过功能分析、因果链分析等分析问题的工具后发现是由于矿泉水的瓶口与瓶盖结合不牢所致,则这里所指的工程系统的主要功能是固定瓶盖。

(2)它包括_____②_____(列出主要组件)。
注释:列出工程系统和超系统中相关的各个组件。
(3)技术矛盾1(TC-1):
如果_____③_____(这一部分描述的是一般的工程解决方案);
那么_____④_____(这一部分描述的是技术矛盾中的改善参数,是该项目需要达到的目的,即①所期望的,可以让①执行得更好);
但是_____⑤_____(这一部分描述的是采取了一般的工程解决

方案③后所恶化的参数）。

注释：写出在本项目中所遇到的技术矛盾，用"如果 ③ ，那么 ④ ，但是 ⑤ "的格式来描述。关于如何描述技术矛盾，请参阅《TRIZ打开创新之门的金钥匙I》一书。

（4）技术矛盾2（TC-2）：

如果 ⑥ （这一部分描述的也是一般的工程解决方案，是将上面技术矛盾1（TC-1）中的③部分反过来）；

那么 ⑦ （这一部分描述的是技术矛盾中的改善参数，即采取了措施⑥之后改善的那个参数，也就是将技术矛盾1（TC-1）中的⑤反过来）；

但是 ⑧ （这一部分描述的是采取了⑥这个措施后所恶化的参数，也就是将技术矛盾1（TC-1）中的④反过来）。

注释：写出在本项目中所遇到的第二个技术矛盾，仍然用"如果 ⑥ ，那么 ⑦ ，但是 ⑧ "的格式来描述。

有了技术矛盾1（TC-1）之后，技术矛盾2（TC-2）就比较简单了。技术矛盾2（TC-2）就是将技术矛盾1（TC-1）反过来。

（5）定义最小问题：有必要对系统做最小的改变，实现 ⑨ （指的是技术矛盾1（TC-1）中的改善参数④），并且实现 ⑩ （指的是技术矛盾2（TC-2）中的改善参数⑦）。

注释：最小问题这个术语是很容易引起误解的一个术语，这里的最小问题，并不是指最无关紧要的问题或者最容易解决的问题，而是指针对这个问题的解决方案来说，这个问题的解决方案需要受制于一个限制条件，即对现有工程系统的改变最小。

也就是说，最小问题的解决可以使技术矛盾1和技术矛盾2中的改善参数都能够实现，或者说是将技术矛盾1（TC-1）中的改善参数予以保留，又将技术矛盾1（TC-1）中的恶化参数（缺点）予以去除，并且对现有的工程系统做最小的改变。最小问题确定了我们解决ARIZ问题未来的方向。

2. 识别有冲突的元素

（1）工程系统的产品： ⑪ 。

6.3 ARIZ模板及各步骤的详细解释

注释：产品指的是技术矛盾中的作用对象，对功能的对象。在技术矛盾中，有可能有两个对象，即这两个对象都是技术矛盾中的功能对象，则需要要将这两个产品都列出来。如果只有一个产品，则这个产品应该是主要功能的作用对象，也就是①的作用对象。如果有两个产品，则其中一个产品应该是主要功能的作用对象。

（2）工程系统的工具：_____⑫_____。

注释：工具指的是在技术矛盾1或技术矛盾2中与产品⑪有直接作用的那个组件，相当于功能的载体。这个组件应该包含在主要组件②的列表中，并可以从技术矛盾的描述③、④、⑤中做出判断。在一个工程系统中，有可能有一个工具，也有可能有两个工具。如果有两个工具，则需要将这两个工具都列出来。

（3）状态1（属性，特性，参数）：_____⑬_____。

注释：状态1指的是工具⑫在技术矛盾1中的状态。可以通过技术矛盾1中对③、④、⑤部分的描述识别出来。

（4）状态2（属性，特性，参数）_____⑭_____。

注释：状态2指的是工具⑫在技术矛盾2中的状态。同样可以通过技术矛盾2中对⑥、⑦、⑧部分的描述识别出来。

需要注意的是，上述⑬和⑭两个状态，有可能是工具⑫的两个状态，在有些项目中，有可能是产品⑪的两个状态。如果它们的状态不同，也需要将它们列出来。无论是产品的两个状态，还是工具的两个状态，都应该从技术矛盾中的"如果_____"这一部分去寻找。

3. 将技术矛盾1和技术矛盾2用图形的形式表示出来

通常有用且正常的功能以及不会造成有害影响的功能是技术矛盾中改善的参数，而不足的或有害的功能，即让我们不太满意的功能恶化的参数。

通常将技术矛盾中改善参数和恶化参数的冲突称为冲突对，比如技术矛盾1中的④和⑤，技术矛盾2中的⑦和⑧。

常见的冲突对的表示形式如图6.3所示，当然还有许多其他的冲突对的表示形式。

注释：在将技术矛盾进行图形化表示的时候，通常用虚线-->表示有用但不足的功能，用波浪线∿∿∿表示有害的功能，用实线——→表示有用并且充分的功能,用带叉的波浪线 表示不会造成有害影响的功能。

需要注意的是,在一个冲突对中,只可能有两个或者三个元素,如果多于三个元素,则说明冲突对的描述可能是不正确的。

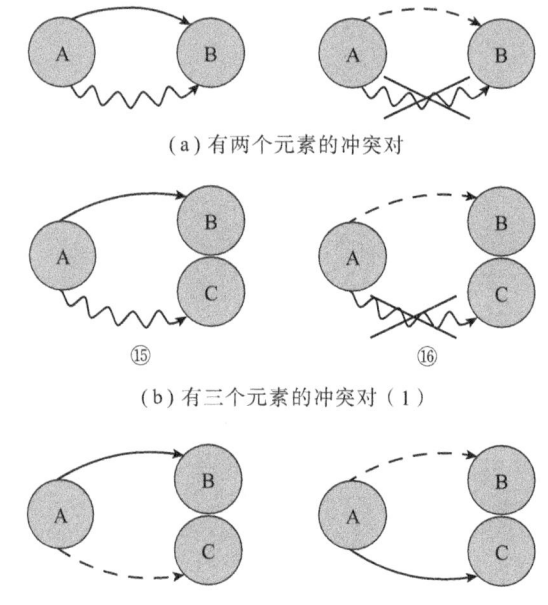

图6.3 几种比较典型的冲突对

4. 在两个矛盾中选择执行主要功能更好的那个作为基础矛盾,并将其用图形表达出来

基础技术矛盾⑰描述仍然采用以下格式:

如果_____⑱_____(⑱来自③或⑥),那么_____⑲_____(⑲来自④或⑦),但是_____⑳_____(⑳来自⑤或⑧)。

注释:从技术矛盾TC1(序号为③~⑤)和技术矛盾TC2(序号为⑥~⑧)中选择其中一个技术矛盾,选择的标准是让主要功能①执行得更好的那个技术矛盾。

这时的产品是_____㉑_____。
这时的工具是_____㉒_____。

注释:在基础技术矛盾⑰中的产品是什么样的,同样在基础技术矛盾⑰中的工具的状态又是什么样的,分别进行说明。

它的图形表达如图6.4所示（我们以⑮为例）。

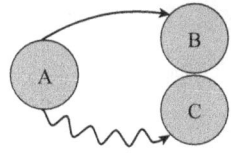

图6.4　基础技术矛盾所代表的冲突对㉓

注释：把代表基础技术矛盾的冲突对在下面画出来，它是⑮或⑯两个冲突对中的一个。

5. 激化的基础技术矛盾㉔

之所以激化技术矛盾是要将我们试图对参数进行优化的念头彻底放弃。因为在解决问题的时候，希望折衷的想法在很多工程师中广泛存在，而且根深蒂固，希望基础技术矛盾⑰中的参数⑱变得不太大，也不太小，或许存在一个最佳值，满足技术矛盾的两个需求⑲和⑳。但这种折中的方法最终的结果却是让技术矛盾的两个参数都达不到要求，无法满足最小问题中同时满足⑨和⑩的要求。当通过将基础技术矛盾激化切断了问题解决者希望折中的后路（思维惯性）之后，这个激化后的技术矛盾就是我们未来所要解决的技术矛盾，即在彻底达到主要功能的要求⑲的条件下，将恶化的参数⑳彻底解决掉，从而同时达到最小问题的要求。

将基础技术矛盾⑰进行激化，一般来说是将工具㉒进行激化，例如若需要工具㉒大，则激化后的工具㉒非常大；再例如需要工具㉒小，则激化后的工具㉒非常小，小到没有了。当然，有时候也会对产品进行激化。

6. 描述问题模型

列出在第5步条件下第4步中的产品和工具：

产品㉕：指的是激化后的产品。

工具㉖：指的是激化后的工具。

有必要在对现有的系统改变最小的前提下引入一个X因子㉗，实现____⑨____，实现____⑩____，并且没有任何有害作用。

在上一步（第5步），经过激化冲突后，工具和产品都被激化到了极端。因此需要引入一个资源，由于这个资源未知，所以就将这个资源称为X因子。在未来，X因子可以使工具㉖解决激化后的冲突㉔，让主要功能①执行得非常完美，而将有害的作用⑳完全消除，彻底达到最小问题的要求。

7. 尝试运用标准解来解决问题㉘

经过上面的分析之后，问题逐渐明确，尤其是产生了⑮和⑯两个冲突对，就可以非常容易将这两个冲突对转化为有害的和不足的物场模型。转化为物场模型后，就可以运用标准解系统来解决问题了。当然，也有可能产生其他情形的物场模型，比如，两个不足的物场模型。

第一部分小结：经过上面的分析之后，问题逐渐清晰。首先，ARIZ产生了两个技术矛盾、一个物理矛盾以及两个物场模型。而这五个问题的模型可以用相应的TRIZ工具来解决；其次，在经过激化后，让我们不再有想折中的幻想。

如果在第7步就已经将问题解决了，则可以直接跳到第七部分，进行方案评估等。如果没有解决，则继续进行第二部分。但无论解决与否，还是建议继续进行第二部分，因为经过后面的更多步骤之后，可以产生更多的解决方案。

6.3.2 第二部分：资源分析

这一部分的主要目的是分析未来在解决问题的过程中可能会用到的各种各样的资源。

1. 定义操作空间（有冲突的空间）㉙

分别描述冲突㉔的两个操作空间㉚和㉛。

操作空间OZ1是_____㉚_____（激化后的基础矛盾㉔中的⑲部分所在的空间）。

操作空间OZ2是_____㉛_____（激化后的基础矛盾㉔中的⑳部分所在的空间），并用图形的方式将它们画出来_____㉜_____。

如果二者没有重叠，则可以用图6.5将这两个操作空间表示出来。

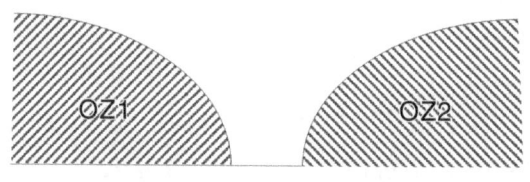

图6.5 没有重叠的操作空间

如果二者有重叠，则可以用图6.6将这两个操作空间表示出来。

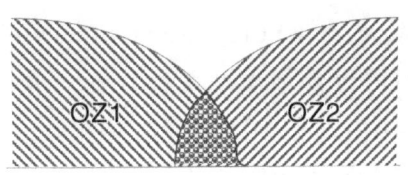

图6.6 有重叠的操作空间

通过上面两个图形,可以直观地判断出这两个操作空间是不是重叠的。如果不重叠,则说明在未来,这个矛盾有可能可以用空间分离的方法来解决;如果重叠,则意味着这个矛盾有可能无法用空间分离的方法解决。

2. 定义操作时间㉜

分别描述冲突㉔的两个操作时间㉝和㉞。

操作时间OT1是:____㉝____(激化后的基础矛盾㉔中的⑲部分所在的时间)。

操作时间OT2是:____㉞____(激化后的基础矛盾㉔中的⑳部分所在的时间),并用图形的方式将它们画出来____㉟____。

如果二者没有重叠,则可以用图6.7将这两个操作时间表示出来。

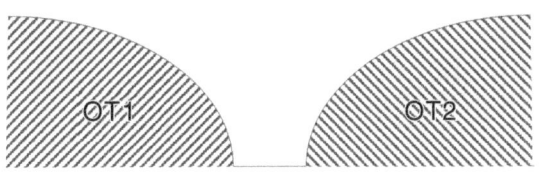

图6.7 没有重叠的操作时间

如果二者有重叠,则可以用图6.8将这两个操作时间表示出来。

通过上面两个图形,可以直观判断出这两个操作时间是不是重叠的。如果不重叠,则说明在未来,这个矛盾有可能可以用时间分离的方法予以解决;如果重叠,则说明这个问题可能无法用时间分离的方法解决。

图6.8 有重叠的操作时间

3. 分析物质和场资源（SFR：Substance-Field Resources）㊱

资源指的是一切可以被利用的客观存在，它包罗万象，任何形式的客观存在都可以成为资源。

通常可以按类别将资源分为：

（1）物质资源。

（2）场资源。

（3）空间资源。

（4）时间资源。

（5）参数资源。

（6）功能资源。

（7）信息资源等。

在表6.1所示模板中，对各种物质场资源进行了分类，以方便大家应用。

表6.1　不同类型的资源列表

类　别	物　质	场	参　数
工　具			
产　品			
周边环境中的资源			
超系统中的SFR			
次级资源			
副产品			
废　品			
廉价资源			

在本步骤中，要尽可能多地分门别类地列出各种可能会被利用到的资源。

需要注意的是：

（1）资源分析非常重要，很多问题的解决就是因为巧妙地运用了资源，才得以产生巧妙的解决方案的。

（2）需要特别注意与工具及产品相关的资源。

（3）参数是一种非常重要的资源。

（4）有些看似不相关的资源也有可能帮助我们解决问题。

6.3 ARIZ 模板及各步骤的详细解释

注释：

（1）工具⑫包括工具本身的材料、它所拥有或者产生的场，以及它的各种参数等。

（2）产品⑪包括产品本身的材料、它所拥有或者产生的场，以及它的各种参数等。

（3）周边环境中的资源指的是在特定周边环境中可以比较方便获得的各种资源，它与具体项目非常相关。如果我们要解决的问题在生产线上，则生产线上的工具、设备、夹具等都可以被列为资源。如果这个项目在沙漠中，则周边环境中有大量的沙子；如果在山上，则有大量的石头；如果在水库周边，则有大量的水。这些资源都是非常方便获得又非常容易利用的特定资源。有一些一般环境中的资源，比如重力、空气等，这些在大多数情况下都是具备的，因此通常也被列入资源列表中。

（4）次级资源指的是可以通过对各种资源进行改变、组合等产生的资源，比如我们系统中有水，则可以让它产生水蒸气、冰块或者泥浆等。

第二部分小结：这一部分分门别类地列出了各种各样可能用到的资源，如空间资源、时间资源以及其他各种物质和场资源（SFR）。未来将运用这些资源及这些资源的组合产生各种各样的新问题（主要是新的物理矛盾），而这些新产生的问题有可能比最开始所遇到的问题更加容易解决。

完成这一部分后，继续进行第三部分。

6.3.3 第三部分：理想最终解和物理冲突

在这一部分，将明确理想最终解，即最终的解决方案大致应该是什么样子的，并且列出阻止理想最终解实现的物理矛盾。尽管有可能无法实现理想的解决方案，但它为我们未来的解决方案指明了方向。

这里，我们有必要对几个容易混淆的概念进行澄清。

（1）理想度（Ideality）。阿奇舒勒为了比较不同工程系统或不同解决方案的优劣，引入了理想度的概念，它可以用以下公式来表示：

$$\text{理想度} = \frac{\sum \text{系统带来的好处}}{\sum \text{我们要付出的成本} + \sum \text{系统带来的有害因素}}$$

由以上公式，我们可以看到，工程系统（或解决方案）所带来的好处越多，所付出的成本越少，所产生的有害因素越少，它的理想度就越高。随着TRIZ在最近几年的发展，理想度的概念有所改变，由于它与价值工程（功能分析）中的价值定义（参见《TRIZ：打开创新之门的金钥匙Ⅰ》一书）非常类似，而且价值工程中的价值更容易操作，也更容易计算，因此，目前主要的TRIZ流派采用价值的定义，其定义如下：

$$价值（value）= \frac{\sum 功能得分}{\sum 成本}$$

根据功能分析中的介绍，有用的功能得分和成本都可以计算出来，因此价值也可以被量化出来。

（2）理想系统（理想机器）。理想系统指的是价值（理想度）为无穷的系统。根据上面的定义，可以用两种方式达到理想度为无穷。

· 有用的功能达到无穷。也就是说，这个系统可以执行任意功能，达到无穷多个。实际上这个系统是无法实现的。

· 使成本为零，即我们不需要付出任何成本。这也意味着理想系统没有成本、不占空间、没有体积、没有重量等，即这个系统并不存在，但所需要的功能依然可以实现。

（3）理想最终解。它是对发明问题的最好解决方案的模型，系统完全消除了问题，也没有让系统的参数发生恶化，而且对系统的改变最小。理想最终解的概念与理想系统的概念完全不同，它描述的是未来解决方案的大致模样，是未来的解决方案的模型，即在现有的工程系统改变最小的情况下，保持了有用的功能，但消除了有害的因素，而且没有让系统变得更加复杂，也没有引入有害的因素。理想最终解是我们所追求的解决方案的模型，它可以作为方向引导我们去寻找解决方案。

有的解决方案能够达到理想最终解的需求，并不一定是理想系统，因为解决方案的系统的成本有可能并不为零。

1. 定义IFR-1㊲

X因子㊳自己可以在让工程系统的改变最小的条件下，消除有害作用㊴，在操作空间内㊵，在操作时间㊶，可以完成系统主要功能㊷；在操作空间㊸内，在操作时间㊹，没有让原有工程系统变得更加复杂，不产生任何有害作用，并且让工程系统的改变最小。

注释：

（1）㊲IFR-1与后面IFR-2的区别在于，IFR-1指的是X因子㊳

本身需要达到的IFR，而在ARIZ后面的IFR-2指的是运用其他资源对IFR-1中的资源进行改变所需要达到的IFR。

（2）X因子㊳指的是某一个未知的资源，用它来实现IFR。由于目前并不清楚是哪个资源，因此在这里先用X因子代替。它类似于一个职位空缺（Opening），而IFR更像一个职位描述（Job Description）来描述X因子需要完成的工作，在未来的ARIZ流程中，需要寻找合适的X因子。未来的X因子㊳应该满足IFR-1描述中所需要的所有条件，即需要招聘（寻找）到满足IFR要求的合适的人选，而将要被面试的候选人就是第二部分所识别出来的资源列表。

（3）㊴指的是激化后技术矛盾中的⑳，即技术矛盾中被恶化的部分。

（4）操作空间㊵指的是定义操作区间㉙时所定义出来的㉛。

（5）操作时间㊶指的是定义操作时间㉜时所定义出来的㉞。

（6）㊷指的是激化后技术矛盾中的⑲，即技术矛盾中被改善的部分。

（7）操作空间㊸指的是定义操作区间㉙时所定义出来的㉚。

（8）操作时间㊹指的是定义操作时间㉜时所定义出来的㉝。

通过上面的描述，可以看出，理想最终解并没有解决问题，但它为我们指明了方向，未来的解决方案应该要满足理想最终解。

2. 激化IFR-1㊺（运用在第二部分资源分析中所识别出来的资源㊱列表一一替换X因子）

在对工程系统的改变最小的条件下，资源㊻自己可以消除有害作用㊴，在操作空间㊵内，在操作时间㊶，可完成系统主要功能㊷；在操作空间内㊸，在操作时间㊹，没有让原有工程系统变得更加复杂，并且不产生任何有害作用。

在本步骤，运用㊱步所列出来的所有资源，一一替换IFR-1㊲中的X因子，会产生一系列的IFR-1。

注释：由于不允许我们对工程系统改变太大，因此，资源㊻只能运用㊱中所识别出来的物质和场资源（SFR），不允许我们使用其他新的物质场资源。如果允许引入其他资源，则意味着对现有工程系统的改变会比较大。

3. 定义宏观层面物理矛盾㊼

在对工程系统的改变最小的条件下，资源㊻自己应该㊽，以消除有害作用㊴，在操作空间㊵内，在操作时间㊶，资源㊻自己应该㊾，以完成系统主要功能㊷；在操作空间㊸内，在操作时间㊹，没有让原有工程系统变得更加复杂，并且不产生任何有害作用。

注释：㊽指的是一个状态，而㊾指的是与㊽相反的一个状态。

对于物理矛盾的定义，请读者参考《TRIZ：打开创新之门的金钥匙Ⅰ》一书。在这里需要注意的是，要运用第二部分㊱中所识别出来的物质场资源逐一代入，产生系列物理矛盾，为我们今后解决物理矛盾打下基础。

在运用ARIZ解决问题的时候，这一步是非常重要的。因为它可以运用不同的资源将我们遇到的问题转化为多个物理矛盾，从而使问题被解决的可能性增大。如果一个项目中，仅有一个问题，则有可能这个问题并不容易解决，但如果一个项目中存在多个问题（物理矛盾），只要解决其中一个问题就有可能达到项目的目标，使得实现项目目标的可能性大大增加。

在这一步，产生的物理矛盾有以下三种情形：

（1）真正的物理矛盾，意味着对资源㊻的两个相反需求㊽和㊾是合理的，即两个相反的状态都是有道理的。比如，手机电池的厚度就是一对物理矛盾。电池需要比较厚，因为要容纳更多的电量；但电池又应该薄，因为要减少电池所占的体积。

（2）资源㊻的两个状态㊽和㊾中只有一个是合理的，另外一个是不合理的，则合理的那个就是解决方案。如资源㊻的㊽状态是合理的，而㊾没有意义，则意味着资源㊻的㊽状态就是解决方案；反之亦然。比如说"胶的黏度要高，因为可以很好地黏结零件"，但对于胶的黏度要低，却没有这个需求。因此，将"胶的黏度提高"就是解决方案。只有当参数的正反需求都合理的时候，才能构成物理矛盾。如"胶的黏度应该高，因为可以很好地黏结零件，但是胶的黏度又应该低，因为容易拆解零件。"才构成真正的物理矛盾。

（3）资源㊻的两个状态㊽和㊾与本项目不相关，则可以直接将这个描述去掉。比如说，胶的电阻无论是高还是低对于黏结零件来说都毫无关联，则可以将胶的电阻这个资源去掉。

至此，TRIZ二级认证所要求的前三部分已经介绍完毕，它们也是ARIZ整个流程中最重要的三部分。未来，将综合运用TRIZ理论中其他解决问题的工具解决问题。

现在,我们再回顾一下前三部分的主要内容:

第一部分,将问题明确化,定义出最小问题、技术矛盾,并将这个技术矛盾进行激化。

第二部分,列出各种各样可能用到的物质场资源(SFR)。

第三部分,定义理想最终解,并运用资源产生多个物理矛盾。

6.4 ARIZ 实例:封箱问题的解决

如前面我们所提到的,ARIZ的理论比较复杂,如果仅仅通过阅读ARIZ的文本,并不能真正掌握ARIZ,掌握ARIZ最好的方法就是大量地练习,在练习中积累经验,当然如果有专业人士的指导就更好了。下面我们就以作者几年前曾经解决过的一个实际项目作为案例,来说明ARIZ的前三部分。

【问题描述】某公司需要用纸盒包装两种分别用袋子包装起来的粉。这一部分生产线的工作原理如图6.9所示。

纸盒被放在传送带上从左向右运动。机械手1将粉袋1推入到纸盒中,机械手2将粉袋2推入到纸盒中。随着纸盒向前运动,有一个导杆把纸盒的前耳向后压折,而后耳则用一个可以转动的摆子向前压折,然后导杆将纸盒的前后两个耳朵压住后,继续向前运动。由于导杆的末端是向内弯的,因此,前后两个耳朵能够最终弯折到密封的位置,然后再将上下两个耳朵弯折,最后用胶带把上下两个耳朵粘在一起,就可以完成整个封装过程。

但是,实际上发现最终能够完成正确封装的纸盒仅为75%,这对于一条1小时需要封装数千个纸盒的生产线来说是很难接受的。突出问题体现在纸盒的后耳没有封到正确的位置,如图6.10所示。这个过程产生的大量次品需要浪费许多人工进行分拆以取出其中的粉袋,然后再次包装,造成大量的人员浪费和物资浪费,而且严重影响生产效率,一度成为此类生产线的一大难题。

为此我们组建了项目团队,当然,先期已对项目团队进行了TRIZ理论培训,并决定运用TRIZ来解决这一问题。首先,团队进行了详细的观

第 6 章 发明问题解决算法（ARIZ）

纸　盒

粉袋1（小）

粉袋2（大）

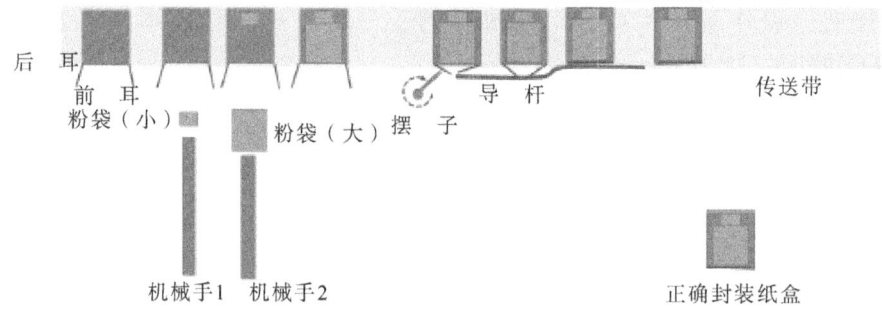

图6.9 纸盒封装过程

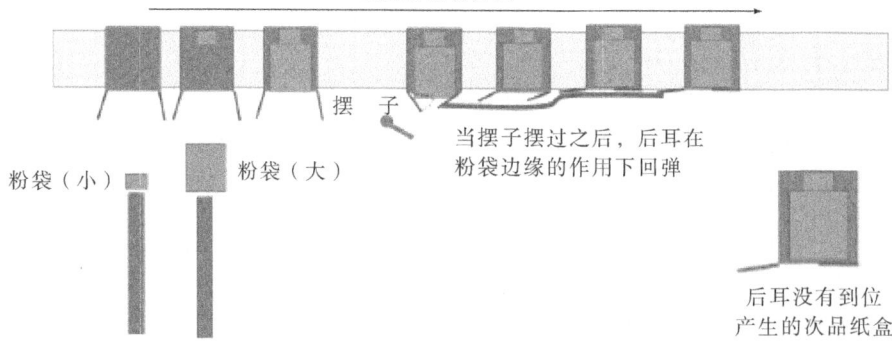

图6.10 出现次品的示意图

察之后发现,造成这一问题的原因是粉袋的尺寸不一致,由于粉袋是柔性的,很难做到外观一致,特别是大的粉袋更加困难。所以当两个粉袋被机械手推入到纸盒中之后,粉袋的边缘会回弹,回弹后的粉袋边缘会产生向外的反作用力,将两个耳朵再次推出来。对于前耳来说,由于导杆对前耳产生压力,所以前耳不会回弹,但对于后耳来说就不同了。由于摆子将后耳弯折后,将会继续摆动,后耳不再受到摆子压力的作用,是一种自由的状态,随着粉袋回弹,后耳就会被粉袋反推回来。在导杆的作用下,后耳就被反方向推出来了,形成了图6.10所示的次品。

经过了详尽的功能分析、因果链分析等步骤之后,我们发现了其中的大量问题。比如粉袋的尺寸不一致、粉袋的边缘过大、纸盒的耳朵强度不够等许多问题,但这些问题非常难以改进。同时我们又发现了另外一个问题值得关注,就是导杆的长度过短。基于此我们提出把导杆加长来解决这一问题,如果导杆比较长,当摆子把后耳压到位之后,后耳将无法回弹。

但同时也带来了一个问题,就是需要转动的摆子与加长的导杆产生了干涉。这样就产生了一个物理矛盾:导杆应该长一些,因为可以很好地压住后耳;但是导杆也应该短一些,因为可以避免与摆子发生干涉,如图6.11所示。

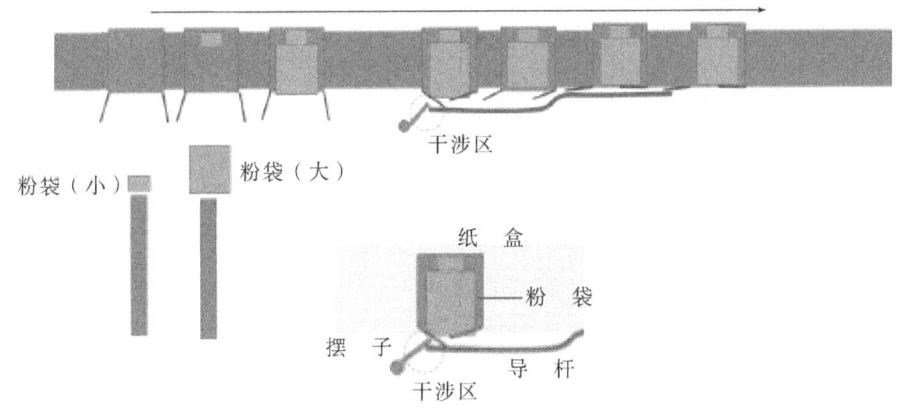

图6.11 通过分析,找出关键问题,并对其进行聚焦

接下来,我们就以这个经过分析之后得到的关键问题为例,介绍ARIZ的前三部分。

6.4.1 第一部分：问题模型

1．工程系统的目的

工程系统的目的（说明其主要功能）：<u>压后耳</u>。

需要注意的是这里所说的主要功能是经过分析之后得到的需要达到的主要功能，而不是整个工程系统的主要功能。在这一部分，需要执行的主要功能是压后耳，它包括（列出主要组件）<u>摆子、导杆、传送带、纸盒、后耳、前耳、空气、粉袋</u>。

技术矛盾1（TC-1）：如果<u>"把导杆加长"</u>，那么<u>"导杆可以很好地压后耳"</u>，但是<u>"摆子与导杆会发生干涉"</u>。

注意：技术矛盾通常来源于对问题的深入分析，为达到这个目的，我们需要运用分析问题的工具，例如功能分析、因果链分析、剪裁和特性传递等。不要对问题不加分析就提出技术矛盾或物理矛盾，或者对一个表面问题提出一个很牵强的技术矛盾，因为它并不是真正所要解决的技术矛盾，在解决具体问题的时候也不太有效。运用分析工具之后所得到的技术矛盾更准确，也更具可操作性。

技术矛盾2（TC-2）：如果<u>"导杆变短"</u>，那么<u>"摆子不会与导杆发生干涉"</u>，但是<u>"导杆不能很好地压后耳"</u>。

有必要对系统做最小的改变，以<u>"实现导杆很好地压后耳"</u>，并且<u>"实现摆子不会与导杆发生干涉"</u>。

2．确定工具和产品

产品：<u>后耳</u>。在技术矛盾中，后耳是功能的对象。

工具：<u>导杆</u>。在技术矛盾中，导杆是功能载体，它与后耳之间有作用。在技术矛盾中涉及三个组件，分别是导杆、摆子和后耳。只有导杆与后耳有作用，因此，在这里的工具应该是导杆。

状态1（属性、特性、参数）：<u>长的导杆</u>。在技术矛盾TC-1中，导杆的状态是长的。

状态2（属性、特性、参数）：<u>短的导杆</u>。在技术矛盾TC-2中，导杆的状态是短的。

从第一步列出的两个技术矛盾中，我们不难发现导杆的两个状态，分别是长的和短的。

3. TC-1和TC-2的图形化表示

把技术矛盾1（TC-1）和技术矛盾2（TC-2）用图形的形式表示出来，如图6.12所示。

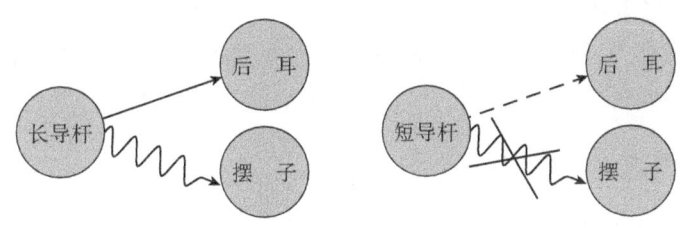

图6.12　TC-1和TC-2的图形化表示

4. 基础技术矛盾

在两个矛盾中选择执行主要功能更好的那个作为基础矛盾，并将其用图形表示出来。很显然，工程系统的主要功能是压后耳，因此应该选择技术矛盾1（TC-1）作为基础技术矛盾。

基础技术矛盾：如果"导杆加长"，那么"导杆可以很好地压后耳"，但是"摆子会与导杆发生干涉"。

产品：后耳。

工具：长的导杆。

它的图形表示如图6.13所示。

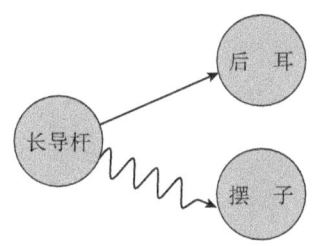

图6.13　激化基础技术矛盾

5. 激化的基础矛盾

如果"导杆非常长"，那么"导杆可以很好地压后耳"，但是"摆子与导杆完全干涉"。

注意：经过激化后，可能会使技术矛盾走向极端。比如在这个问题中，导杆会变得非常长，这样可以非常完美地压好后耳，后耳被摆子弯折到位后，导杆立即就可以将后耳压好，粉袋再也不能将后耳弹出。但由于导杆过长，它将会与摆子发生严重干涉，摆子完全转不动了。

如果反过来进行激化，则有可能是导杆非常短，短到没有导杆。这样虽然导杆将完全不会与摆子发生干涉，但导杆也根本不可能压实后耳。

经过激化后我们所要解决的问题就是如何在可以将后耳压得完美的长的导杆条件下，解决摆子与导杆的干涉问题。

6. 列出步骤5中的产品和工具。

产品：<u>压得完美的后耳</u>。

工具：<u>很长的导杆</u>。

注释：列出激化之后的产品，以及激化之后的工具。

有必要引入X因子（它能使该工具实现主要功能，并且没有任何有害作用）。

有必要引入X因子来实现<u>"导杆可以很好地压后耳"</u>，又可以消除<u>"摆子与导杆发生干涉"</u>，而且没有引入任何有害作用。

7. 尝试运用标准解来解决问题

从第3步中，我们可以看到有两个可以转化为物场模型的图形。一个是技术矛盾TC-1中长的导杆与摆子相干涉的有害物场模型，另一个是技术矛盾TC-2中，短的导杆不能有效压后耳的不足物场模型，如图6.14所示。

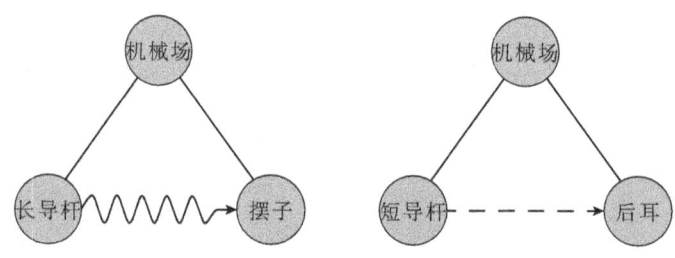

图6.14　第一部分产生两个物场模型

可以通过第1.2类标准解解决第一个物场模型，用第二、三类标准解解决第二个物场模型。

6.4.2 第二部分：资源分析

1. 定义操作空间（有冲突的空间）

技术矛盾中有两个操作空间（图6.15）。

OZ1：<u>长导杆压后耳的地方。</u>

OZ2：<u>长导杆与摆子冲突的地方（长导杆的前端头上）。</u>

由于长导杆压后耳的地方在有后耳的地方，而摆子与长导杆干涉的地方只是在导杆的头部。因此，二者在空间上可以并不在同一位置上。

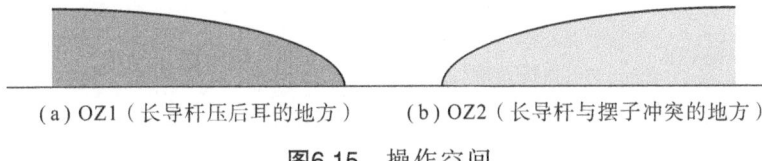

(a) OZ1（长导杆压后耳的地方）　　(b) OZ2（长导杆与摆子冲突的地方）

图6.15　操作空间

2. 定义操作时间（图6.16）

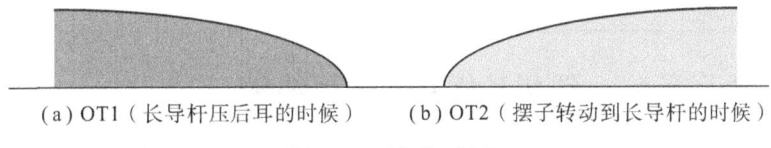

(a) OT1（长导杆压后耳的时候）　　(b) OT2（摆子转动到长导杆的时候）

图6.16　操作时间

OT1：<u>长导杆压后耳的时候。</u>

OT2：<u>摆子转动到长导杆的时候。</u>

由于长导杆压后耳的时间是摆子把后耳弯折到位之后。而摆子与长导杆相干涉的时间是摆子转到长导杆的时候或者说摆子被弯折到位之前。因此，二者并不是处于同一个时间段上。

3. 物质和场的资源分析（SFR）

工程系统在操作空间的SFR见表6.2。

表6.2　工程系统在操作空间的SFR列表

类　别	物　质	场	参　数
工　具	导　杆	导杆的重力场 导杆的热场	导杆的长度 导杆的硬度 导杆的颜色 导杆的形状 导杆的角度 …

续表6.2

类别	物质	场	参数
产品	后耳	后耳的重力场 后耳的热场	后耳的长度 后耳的形状 …
周边环境中的资源	摆子 粉袋	摆子的重力场 摆子的热场	粉袋的大小 摆子的长度 摆子的硬度 摆子的形状 …
超系统中的SFR	空气 传送带	空气产生的机械场	空气的速度 空气的方向 传送带的速度 …
次级资源			
副产品			
废品			
廉价资源			

6.4.3 第三部分：理想最终解和物理冲突

1. 定义IFR-1

在对工程系统的改变最小的条件下，<u>X因子</u>自己可以消除有害作用（<u>长导杆不与摆子相干涉</u>），在操作空间内[<u>长导杆与摆子冲突的地方（长导杆的前端头上）</u>]，在操作时间（<u>摆子转动到长导杆的时候</u>），可完成系统主要功能（<u>长导杆很好地压后耳</u>）；在操作空间内（<u>长导杆压后耳的地方</u>），在操作时间[<u>长导杆压后耳的时候（摆子将后耳压到位后）</u>]，没有让原有工程系统变得更加复杂，并且不产生任何有害作用。

2. 激化物理矛盾（运用物质场资源替代X因子）

在对工程系统的改变最小的条件下，<u>导杆的长度自己</u>可以消除有害作用（<u>长导杆与摆子有冲突</u>），在操作空间内[<u>长导杆与摆子冲突的地方（长导杆的前端头上）</u>]，在操作时间（<u>摆子转动到长导杆的时候</u>），可完成系统主要功能（<u>长导杆很好地压后耳</u>）；在操作空间内（<u>长导杆压后耳的地方</u>），在操作时间[<u>长导杆压后耳的时候（摆子将后耳压到位后）</u>]，没有让原有工程系统变得更加复杂，并且不产生任何有害作用。

6.4 ARIZ实例：封箱问题的解决

在对工程系统的改变最小的条件下，<u>摆子的长度自己</u>可以消除有害作用（<u>长导杆与摆子有冲突</u>），在操作空间内[<u>长导杆与摆子冲突的地方（长导杆的前端头上）</u>]，在操作时间（<u>摆子转动到长导杆的时候</u>），可完成系统主要功能（<u>长导杆很好地压后耳</u>）；在操作空间内（<u>长导杆压后耳的地方</u>），在操作时间[<u>长导杆压后耳的时候（摆子将后耳压到位后）</u>]，没有让原有工程系统变得更加复杂，并且不产生任何有害作用。

在对工程系统的改变最小的条件下，<u>空气自己</u>可以消除有害作用（<u>长导杆与摆子有冲突</u>），在操作空间内[<u>长导杆与摆子冲突的地方（长导杆的前端头上）</u>]，在操作时间（<u>摆子转动到长导杆的时候</u>），可完成系统主要功能（<u>长导杆很好地压后耳</u>）；在操作空间内（<u>长导杆压后耳的地方</u>），在操作时间[<u>长导杆压后耳的时候（摆子将后耳压到位后）</u>]，没有让原有工程系统变得更加复杂，并且不产生任何有害作用。

在对工程系统的改变最小的条件下，<u>导杆的角度自己</u>可以消除有害作用（<u>长导杆与摆子有冲突</u>），在操作空间内[<u>长导杆与摆子冲突的地方（长导杆的前端头上）</u>]，在操作时间（<u>摆子转动到长导杆的时候</u>），可完成系统主要功能（<u>长导杆很好地压后耳</u>）；在操作空间内（<u>长导杆压后耳的地方</u>），在操作时间[<u>长导杆压后耳的时候（摆子将后耳压到位后）</u>]，没有让原有工程系统变得更加复杂，并且不产生任何有害作用。

在对工程系统的改变最小的条件下，<u>导杆的颜色自己</u>可以消除有害作用（<u>长导杆与摆子有冲突</u>），在操作空间内[<u>长导杆与摆子冲突的地方（长导杆的前端头上）</u>]，在操作时间（<u>摆子转动到长导杆的时候</u>），可完成系统主要功能（<u>长导杆很好地压后耳</u>）；操作空间内（<u>长导杆压后耳的地方</u>），在操作时间[<u>长导杆压后耳的时候（摆子将后耳压到位后）</u>]，没有让原有工程系统变得更加复杂，并且不产生任何有害作用。

当然，我们还可以运用第二部分中所识别出来的资源定义更多的IFR-1。

注意： 不允许使用外部的、新的场和物质，只允许运用第二部分识别出来的资源。

分别使用第二部分步骤3定义的所有SFR替换X因子。

3. 从宏观层面定义物理矛盾

导杆的长度应该短以消除有害作用（长导杆与摆子有冲突），在操作空间内[长导杆与摆子冲突的地方（长导杆的前端头上）]，在操作时间（摆子转动到长导杆的时候）；但是导杆的长度应该长以完成系统主要功能（长导杆很好地压后耳），在操作空间内（长导杆压后耳的地方），在操作时间[长导杆压后耳的时候（摆子将后耳压到位后）]，没有让原有工程系统变得更加复杂，并且不产生任何有害作用。

摆子的长度应该短以消除有害作用（长导杆与摆子有冲突），在操作空间内[长导杆与摆子冲突的地方（长导杆的前端头上）]，在操作时间（摆子转动到长导杆的时候）；但是摆子的长度应该长以完成系统主要功能（长导杆很好地压后耳），在操作空间内（长导杆压后耳的地方），在操作时间[长导杆压后耳的时候（摆子将后耳压到位后）]，没有让原有工程系统变得更加复杂，并且不产生任何有害作用。

空气的压力应该高以消除有害作用（长导杆与摆子有冲突），在操作空间内[长导杆与摆子冲突的地方（长导杆的前端头上）]，在操作时间（摆子转动到长导杆的时候）；但是空气的压力应该低以完成系统主要功能（长导杆很好地压后耳），在操作空间内（长导杆压后耳的地方），在操作时间[长导杆压后耳的时候（摆子将后耳压到位后）]，没有让原有工程系统变得更加复杂，并且不产生任何有害作用。

导杆的形状应该是弧形以消除有害作用（长导杆与摆子有冲突），在操作空间内[长导杆与摆子冲突的地方（长导杆的前端头上）]，在操作时间（摆子转动到长导杆的时候）；但是导杆的形状应该是直的以完成系统主要功能（长导杆很好地压后耳），在操作空间内（长导杆压后耳的地方），在操作时间[长导杆压后耳的时候（摆子将后耳压到位后）]，没有让原有工程系统变得更加复杂，并且不产生任何有害作用。

到此，TRIZ二级认证所要求的内容已经介绍完毕，未来将充分利用在第三部分步骤2中产生的物理矛盾解决问题。至此，我们可以看到用不同资源所产生的物理矛盾与最初所碰到的问题是不一样的，而且有的是完全不同的新问题。这也就意味着在未来我们可以换一些与初始问题不同的问题来解决。我们在未来要重点关注这些新问题。解决物理矛盾的方法在一级教材《TRIZ：打开创新之门的金钥匙Ⅰ》一书中已经有了详细的描述。

对前面产生的多个物理矛盾的处理，可能有如下几种情况：

第一类：解决物理矛盾产生解决方案。例如，在物理矛盾A中，导杆的长度应该短以使长导杆不与摆子有冲突；但是，导杆又应该长以使长导杆很好地压后耳。则可以运用在一级内容中所提到的解决物理矛盾的方法来解决。对于这个物理矛盾，可以运用空间分离的方法。

与空间分离相关的发明原理如下：
- 发明原理1——分割。
- 发明原理2——抽取。
- 发明原理3——局部质量。
- 发明原理4——非对称。
- 发明原理7——嵌套。
- 发明原理17——一维变多维。

可以采用发明原理3——局部质量的方法，加长导杆，然后在导杆的中间开孔的办法解决这个问题。这种方法解决了导杆既要长又要短的物理矛盾，即导杆在压耳的地方比较长，在与摆子相干涉的地方又很短，如图6.17所示。

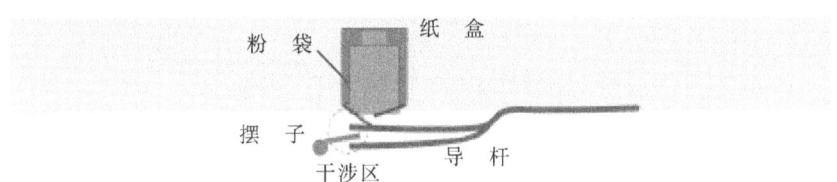

图6.17 在导杆前端分孔，让摆子从中间的孔里通过

同样，摆子的长度所产生的物理矛盾，也可以用类似方法解决，加长摆子，然后在摆子的中间开孔。这样就解决了摆子既要长又要短的物理矛盾，即摆子在拨动后耳的地方比较长，在与长导杆相干涉的地方又很短，如图6.18所示。

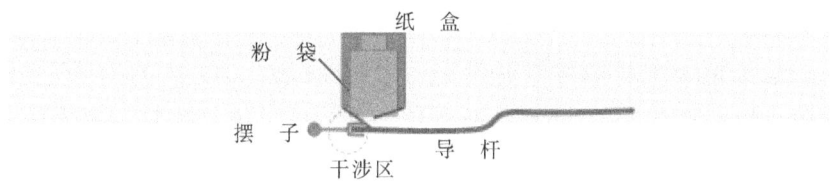

图6.18 摆子的头部开孔，摆子在摆过的时候，不与导杆相干涉

第二类：产生的物理矛盾中参数的相反需求无法合理化，即只有这个参数的正向需求是合理的，而这个参数的相反需求并不合理，则正向需求就是解决方案了。例如，导杆的角度这个资源。导杆的形状应该是弯的，因为弯的导杆不会与摆子相冲突，但导杆的形状又应该是直的，却没有道理。因此将导杆的形状变为弯的就是解决方案了，如图6.19所示。

再比如，空气这个资源，在这个资源的启发下，我们可以用压缩空气去吹后耳，压缩空气可以很好地压后耳，压缩空气又可以避免摆子与导杆的冲突，因为在有压缩空气压后耳的情况下，就不再需要摆子了，如图6.20所示。

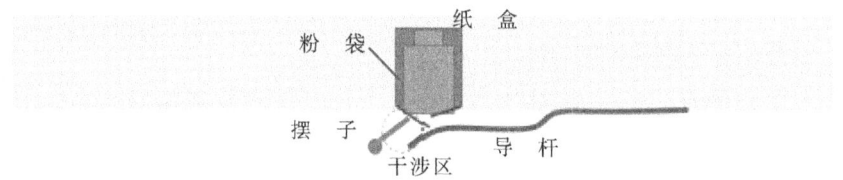

图6.19　把导杆头部弯曲，使导杆避开摆子的运动区域

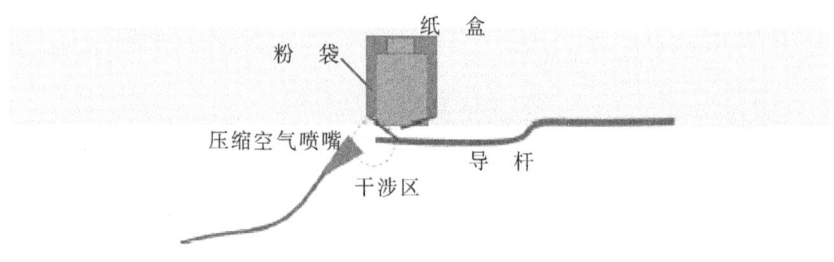

图6.20　用压缩空气压后耳

第三类：产生的物理矛盾毫不相干。在这种情况下，可以直接将这个资源放弃。比如，导杆的颜色与我们所要解决的问题没有什么关系，因此可以将这个资源放弃。

作者曾经将这个问题用于课堂练习，我们将当时所产生的部分解决方案列出，见表6.3。

从这个例子中我们可以看出，运用ARIZ后，通过ARIZ所产生的众多资源，可以产生不止一个解决方案。通常可以选择比较容易实施的解决方案去实施。

表6.3 部分解决方案

序 号	解决方案
1	加长导杆，并在导杆的中间开孔
2	加长摆子，并在摆子的中间开孔
3	用压缩空气压后耳
4	将导杆倾斜，避开摆子
5	将摆子变为毛刷，可以通过导杆
6	将导杆的头部变为毛刷，使摆子可以通过导杆
7	提高导杆的高度，或降低摆子的高度
8	用叉指型设计

我们对以上方案中的"在导杆中间开孔的方法"进行测试，测试结果表明，生产线封箱部分的合格率从75%左右，提高到接近100%，减少了大量返工造成的人员浪费和物资浪费，并大幅提高了效率。

6.5 ARIZ第三步之后各步骤的解释

前面，我们介绍了ARIZ的前三部分并做了详细的解释，这几部分是ARIZ理论中最重要的也是最难掌握的部分。后面几部分有些不是那么难理解，有些是前面的内容中已有介绍，有些并不是那么有用，甚至目前已经被淘汰了。因此，接下来，我们对ARIZ中的剩余部分做粗略的介绍。本部分内容是第三部分步骤3的延续，因此，序号从4开始。

4. 识别微观层面的物理矛盾

上一步定义的是宏观层面的物理矛盾，ARIZ还建议大家描述微观层面的物理矛盾，即在微观上（如颗粒、原子等）导杆的长度、摆子的长度及空气等资源应该是什么样的，才能够满足矛盾的不同需求。可以用以下模式来定义微观层面的物理矛盾。

在对工程系统的改变最小的条件下，资源㊻颗粒自己应该㊽，以消除有害作用㊴，在操作空间㊵内，在操作时间㊶，资源㊻颗粒自己应该㊷，以完成系统主要功能㊸；在操作空间㊹内，在操作时间㊾，没有让原有工程系统变得更加复杂，并且不产生任何有害作用。

5. 描述IFR-2（㊾）

IFR-2与IFR-1相对应，在IFR-1中，所运用的资源仍然是从第二部分识别出来的资源。还可以运用识别出来的资源对IFR-1中所用到的资源进行改变，以达到IFR的要求。可以运用以下方式对IFR进行定义。

在对工程系统的改变最小的条件下，X因子应该使资源㊻可以消除有害作用㊴，在操作空间㊵内，在操作时间㊶，可完成系统主要功能㊷；在操作空间㊸内，在操作时间㊹，没有让原有工程系统变得更加复杂，并且不产生任何有害作用。

与IFR相类似，接下来也要运用不同的资源来替代IFR-2（㊾）中的X因子。还要继续运用资源产生宏观和微观层面的物理矛盾。宏观层面的物理矛盾可以运用以下方式来进行定义。

在对工程系统的改变最小的条件下，资源㊿应该㊼，使资源㊻可以消除有害作用㊴，在操作空间㊵内，在操作时间㊶，资源㊿应该㊽，使资源㊻完成系统主要功能㊷；在操作空间㊸内，在操作时间㊹，没有让原有工程系统变得更加复杂，并且不产生任何有害作用。

6. 运用标准解尝试解决物理矛盾（IFR-2）

由于在IFR-2中有新的物理矛盾出现，可以尝试将物理矛盾转化成为物场模型，然后运用标准解的方法来解决新的问题。

6.5.1 第四部分：运用扩展的物场资源（SFR）

1. 运用小人法

小人法是一种类比的方法，指的是将我们所遇到的问题所涉及的组件模拟成一些小人，即涉及的组件是由一些小人组成，这些小人是有智慧的聪明小人，然后再思考当这些聪明小人遇到类似问题的时候，应该如何改变才可以解决问题。以此启发我们产生解决方案。比如说前面提到的摆子和导杆都是由许多聪明的小人组成，那么他们应该如何做才不至于发生干涉呢？

我们把导杆看作由许多深色的小人组成，把摆子看作由许多浅色小人组成。二者发生了干涉，即深色的小人挡住了浅色小人的去路。那他们应该如何做呢？

这些小人可以化整为零，从彼此的间隙钻过去，如图6.21所示。基于此，研发团队提出了梳状摆子-导杆的解决方案。

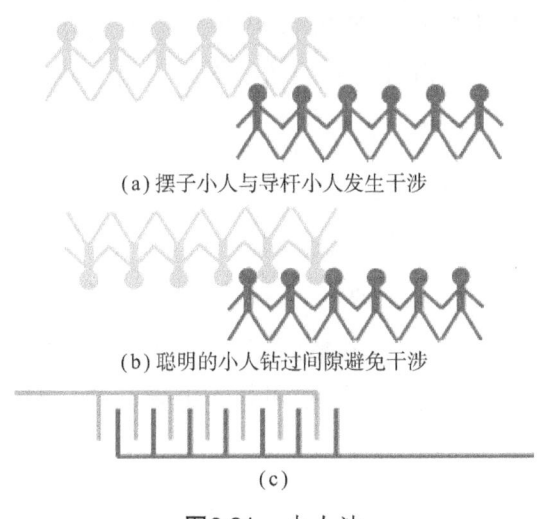

图6.21 小人法

2. 从IFR"回退一步"

如果不能完全达到IFR，可以从IFR回退一步，使解决方案达到一定妥协的IFR，然后再对解决方案做一些较小的改变，达到IFR。

例如，某企业需要对生产线上某型号的零件进行抽检。对于抽检的零件，希望能够测量出不同部位所携带的碎屑大小、数量。如果碎屑的尺寸过大、数量过多，就要查找原因并对生产线迅速进行调整。但由于需要在许多部位运用液体进行冲洗采样，所以花费的时间特别长，导致生产线的等待时间也特别长。理想最终解是能够精确地检测到碎屑的数量，而且浪费的时间又要很少。但这个理想最终解比较难以做到，团队产生了另外一个妥协的解决方案，即用大量的液体对零件各个部分不加区分地进行冲洗，将所有部位的碎屑都冲下来，如果冲下来的碎屑尺寸很小而且数量比较少（根据以往的经验绝大多数情况下都是这样的），则可以不用再继续测量了，生产线不需要等待。如果发现零件上冲下来的碎屑尺寸较大而且数量比较多（根据以往的经验，这种情况比较少），就说明生产线上可能会有异常，则可以抽取另外一个零件按照常规的方法进行精确测量。这种快速的粗测方法就是采取了从理想最终解回退一步的方法。

3. 运用物质资源的组合

可以尝试将几个物质资源进行混合。通过混合可以获得它们所形成的协同效应，也可以临时引入物质资源的组合，然后在后面再去除。

4. 运用空的物质

可以尝试运用一些空的物质，比如真空、空气、泡沫、气泡或者中空的固体物质等。

5. 运用派生出来的资源

可以运用从资源中派生出来的资源，比如，如果我们有水，则可以运用水派生出冰或者是蒸气，也可以由此派生出氢气和氧气。

6. 运用电场

如果不能引入物质，则可以尝试引入电场。

7. 运用场和对场敏感的物质

可以引入场以及对场敏感的物质的组合。例如，"紫外线+荧光粉"组合，"磁铁+铁磁粉"组合，以及"X射线+钡餐"组合等。

6.5.2 第五部分：应用知识库

1. 运用标准解来解决发明问题

在第3部分步骤6中曾经尝试过运用标准解来解决IFR-2所产生的物理矛盾。但在经过了第四部分的资源分析之后，可以利用第四部分中所识别出来的资源，再次运用标准解来解决问题。在标准解系统中，有许多标准解是关于如何引入添加物的。

2. 运用克隆问题的解决方案

克隆问题是指具有相同或者相似的物理矛盾的问题，如果物理矛盾是类似的，那么解决方案也有可能是类似的。如果我们曾经成功地解决过类似的物理矛盾，则可以尝试运用与以往类似的解决方案来解决物理矛盾。目前，这一部分被单独形成了一个工具，称为克隆问题，本部分内容将在三级内容中介绍。

6.5 ARIZ 第三步之后各步骤的解释

3. 运用发明原理来解决物理矛盾

运用解决物理矛盾的方法来解决物理矛盾。在《TRIZ：打开创新之门的金钥匙I》一书中，已经介绍过解决物理矛盾的方法，即可以运用分离原理（基于空间分离、基于时间分离、基于关系分离、基于方向分离以及基于系统级别分离）、满足物理矛盾的需求以及绕过物理矛盾等方法来解决物理矛盾。

4. 运用科学效应和物理现象来解决问题

可以把需要解决的问题运用功能的方式描述出来，然后查找相应的功能，从科学效应库中寻找相应的科学效应来解决问题。我们从不同的途径收集到了数以千计的科学效应，形成了一个数据库。您可以通过微信扫描图6.22所示的二维码来查找相应的科学效应。

图6.22 微信小程序提供了大量科学效应

6.5.3 第六部分：改变或者替换的问题

1. 将概念转化成为具体的技术解决方案

如果问题已经解决，则描述新的工作原理或者画出装置的可实施草图。

2. 检　查

检查第一部分步骤1的问题是否为多个问题的结合，如果是，则将问题分解，逐个解决。如果ARIZ运用至此，我们仍然没有产生满意的解决方案，那我们应该回到最开始，请检查第一部分步骤1中的描述是否是多个问题组合而成的。如果它是由多个问题组合而成的，应该把这些问题拆解成为一个一个的独立问题，然后对每一个独立的问题重新描述第一部分步骤1，重新走一遍ARIZ流程。最后将这些问题一个一个地解决，注意，每一次只能聚焦于一个问题。比如，在我们这个例子中，除了导杆过短导致压后耳不足这个问题之外，还有其他一系列问题，比如粉袋过大的问题，后耳强度比较弱容易被粉袋反推回来，机械手推粉袋不足等，我们还可以从这些问题入手，从头开始再走一遍ARIZ流程。

3. 转换问题

如果问题没有解决，选择第一部分步骤4中的另外一个技术矛盾，即技术矛盾TC-2。比如，我们在前面的例子中，可以选取另外一个矛盾，如果导杆短，那么导杆与摆子不会发生干涉，但是导杆不能很好地压后耳，从这个技术矛盾入手，重新走一遍ARIZ流程。

4. 重新描述最小问题

从第一部分步骤1开始，改换另一种实现方式：如果问题仍未解决，请返回第一部分步骤1并且在超系统上重新描述小问题，即将这一个问题再上一个层级，看能否在上一个层级上来解决问题。比如，我们最开始的例子中，如果我们从"固定瓶盖"这个问题出发，没有找到理想的解决方案，我们可以将问题替换为"阻止水"，然后以这个问题为出发点，重新走一遍ARIZ流程。

6.5.4 第七部分：分析解决方案

1. 检查解决方案的概念

是否利用了现有的资源，是否运用了从现有资源派生出来的资源，是否是可以运用自动控制的资源。

2. 初步评估解决方案

可以检查解决方案是否满足以下条件：
① 是不是满足IFR-1的要求。
② 物理矛盾是不是已经消除。
③ 系统中是否包含至少一个容易控制的系统。
④ 解决方案是否符合实际情况。
如果不符合上述要求，则应该重新返回第一部分步骤1。

3. 根据专利检查解决方案的新颖性

通过专利检索检查解决方案概念的新颖性。

4. 评估实施解决方案过程中可能遇到的次级问题

在新技术系统的实现设计中可能出现哪些次级问题？记录可能需要进一步解决的次级问题。

6.5.5 第八部分：利用已经获得的解决方案（超效应分析）

这一部分已经被扩展为一个独立的工具，即超效应分析。指的是从已有的解决方案中获得更多的好处，将所获得的成果最大化。这一工具将在三级学习材料中给予详细的介绍。

1. 评估解决方案对超系统产生的变化

评估包含本系统的超系统所发生的变化。

2. 为解决方案寻找新的应用

检查是否可以对运用改变的系统或超系统找到新的应用方式。

3. 将解决方案应用于其他问题

是否可以用得到的解决方案解决其他问题。

6.5.6 第九部分：分析解决问题的过程

这一部分内容是阿奇舒勒在开发ARIZ的时候用于收集对ARIZ的反馈的步骤。现在已经基本上没有人在用了。

1. 将解决问题的实际过程与本ARIZ过程相比

将解决问题的实际过程与本ARIZ过程相比较，看有哪些差别，将这些差别写下来。将问题解决的实际过程与ARIZ的理论过程进行对比，如果二者有差异的话，记下所有差异，以方便对ARIZ进行进一步的改进。

2. 将解决方案与TRIZ知识库相对比

将获得的解决方案概念与TRIZ知识库中的信息相对比，比如发明原理、标准解、科学效应等，如果现有的TRIZ知识库中没有，则应该将其作为新的发现添加到TRIZ知识库中。

6.6 小结

本章介绍了TRIZ理论中一个非常重要的综合性工具——ARIZ（发明问题解决算法），它是一个系统指导我们解决问题的步骤，它可以带领我们一步一步将问题明确化，将问题转化成不同问题的模型，然后运用各种各样的资源，运用不同的TRIZ工具产生多种解决方案。本章还通过一个案例介绍了ARIZ中最为重要的三部分，并对ARIZ的其他部分进行了简要说明。

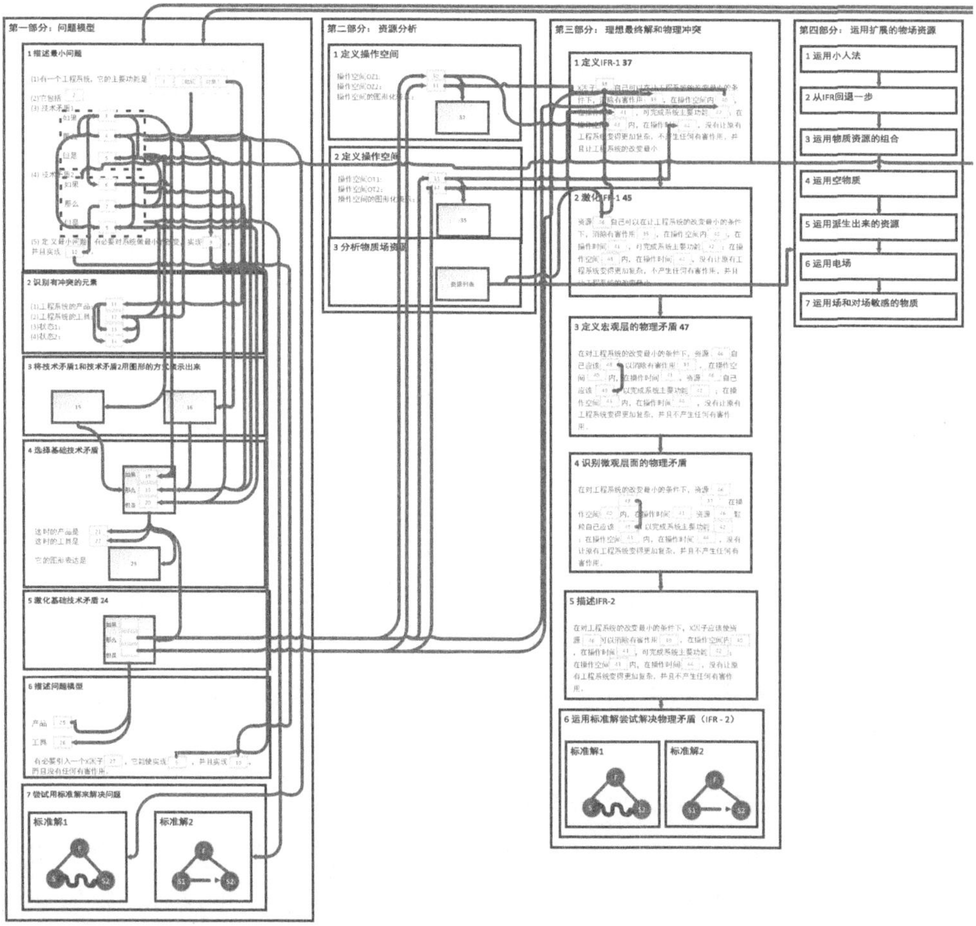

图6.23

6.6 小结

从前面的内容中，我们不难发现，ARIZ涉及的工具比较多、过程比较复杂。为此，作者画了一份ARIZ各个部分的逻辑图。由于这个图非常大，虽经多次尝试，仍然无法放在本书中展示。图6.23列出了整个ARIZ逻辑图中的一部分。对此图感兴趣的读者，或者希望更加深入了解这部分内容的读者可到QQ群（群号799724275）中或微信公众账号中下载。

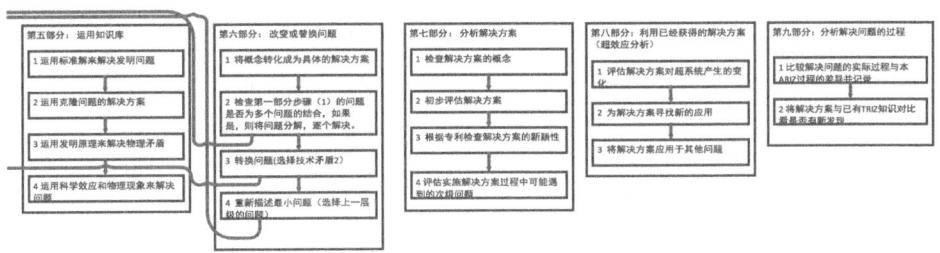

ARIZ逻辑图

第 7 章 工程系统进化趋势介绍和 S 曲线

在《TRIZ：打开创新之门的金钥匙 I 》中，我们介绍了经典TRIZ理论中的工程系统进化法则和现代TRIZ理论中的工程系统进化趋势，也介绍了现代TRIZ理论中工程系统进化趋势的层次结构，即各级工程系统进化趋势之间的关系，如图7.1所示。

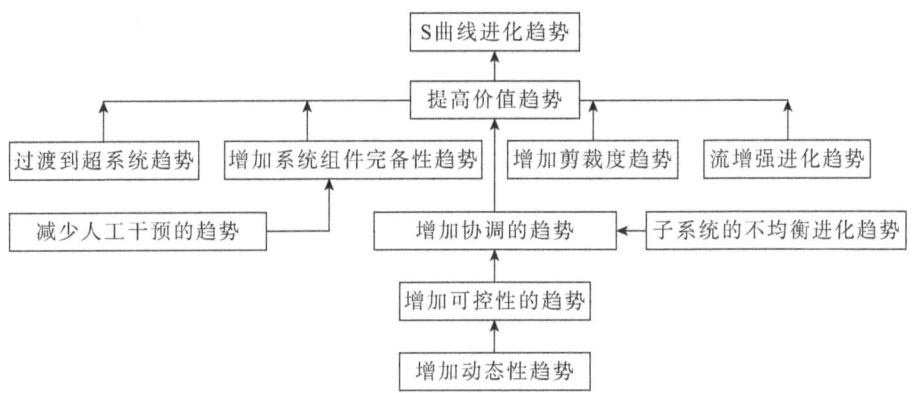

图7.1 现代TRIZ理论工程系统进化法则层次结构

在《TRIZ：打开创新之门的金钥匙 I 》中，我们提到了经典TRIZ理论中的S曲线进化法则。本章我们将继续深入介绍现代TRIZ理论进化趋势中的S曲线进化趋势。在整个进化趋势中，S曲线进化趋势处于最顶端，也就是说，其他进化趋势都服务于S曲线进化趋势，推动工程系统的MPV（Main Parameter of Value，主要价值参数）沿着像字母S形状的趋势向前发展。

7.1 S 曲线的起源

S曲线最早并非起源于技术领域，它的起源可以追溯到1838年皮埃尔·弗朗索瓦·韦尔赫斯特(Pierre François Verhulst)对人口增长的研究，如图7.2所示。后来在生物学领域也获得了同样的证明，即被不同的人推导出相同的规律。再后来人们发现在社会、农业、传播等领域也遵循着这个规律。

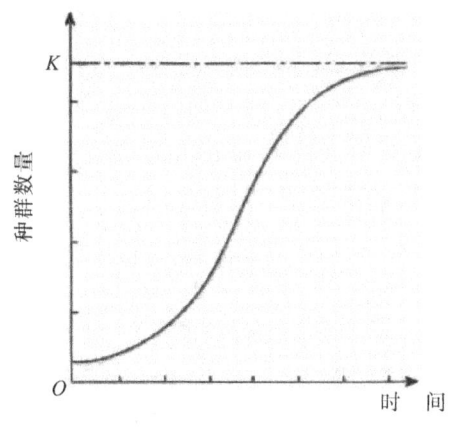

图7.2　生物学中的S曲线

S曲线指的是随着时间的推移，事物的发展并不是线性的，而是沿着一条S形状的曲线增长。例如，将含有少量细菌的试剂滴入装有培养液的培养皿中，然后用显微镜观察细菌的数量。实验者发现细菌的个数在最开始并没有增长，而是保持相对稳定的数量，因为在这一阶段，细菌需要适应环境；经过一段时间的适应后，细菌的数量开始增长，然后快速增长；但细菌数量并不是无限制增长的，当细菌的数量达到一个相对稳定的值时，因为受到培养液的容量、培养皿的面积等因素的影响，细菌的数量无法继续增长；细菌的数量达到大致平衡一段时间后，随着支撑细菌繁殖的营养成分的消耗，以及大量细菌繁殖等活动造成的环境恶化，细菌的数量会逐渐或者急剧减少。由此可见，细菌的数量可以大致分为四个阶段，即适应期、快速生长期、稳定期和衰亡期，如图7.3所示。

不同的事物领域都沿着自己的S曲线发展，包含4个阶段，每个阶段或长或短，增长的斜率有高有低，但曲线的形状大致相同。

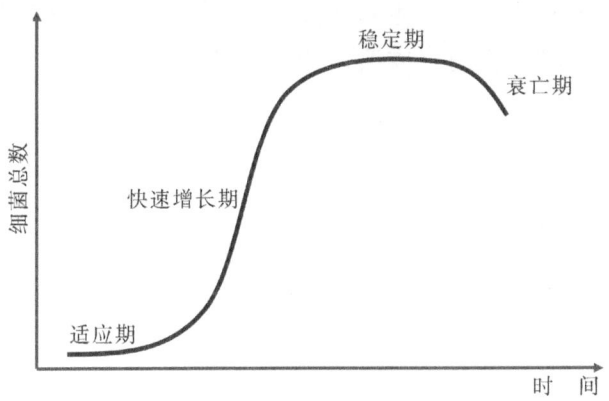

图7.3　S曲线规律大致可分为四个阶段

7.2　工程系统的S曲线进化趋势

虽然S曲线的发展规律并不是起源于技术领域，TRIZ的研究者还是发现工程系统的进化也基本上遵循这个规律。当我们进行新产品开发时，通常认为产品性能的增长应该与我们付出的时间、精力、经费等成正比，是一种线性关系，但实际上却事与愿违，工程系统发展所遵循的也是S形曲线，即最开始的时候（第一阶段），有可能投入的资源虽然很多，但产品性能并不增长；处于第二阶段时，产品性能获得了高速的增长；处于第三阶段时，有可能虽然投入很多，但产品性能却极难提高；第四阶段时，即使投入再多也难以挽回产品性能下降的趋势。

我们在《TRIZ：打开创新之门的金钥匙Ⅰ》中介绍了TRIZ理论的创始人阿奇舒勒开发出来的S曲线。但阿奇舒勒总结出来的S曲线过于宏观、笼统，对实际的产品开发缺乏实际的具体的指导意义。随着新产品开发策略需求的增加，后来的TRIZ理论的研究者在阿奇舒勒的基础上做了大量的研究工作，总结出一些更加具体的规律和策略，从而对新产品的开发更有实际指导意义。

1. 工程系统的S曲线的组成

工程系统的S曲线由一条形状像S形的曲线以及X轴和Y轴组成，如图7.4所示。

S形的曲线：我们将这条曲线分为第一阶段、第二阶段、第三阶段和第四阶段。也有人将工程系统的S曲线与人的一生相匹配，把这四个阶段称为婴儿期、成长期、成熟期和衰亡期。

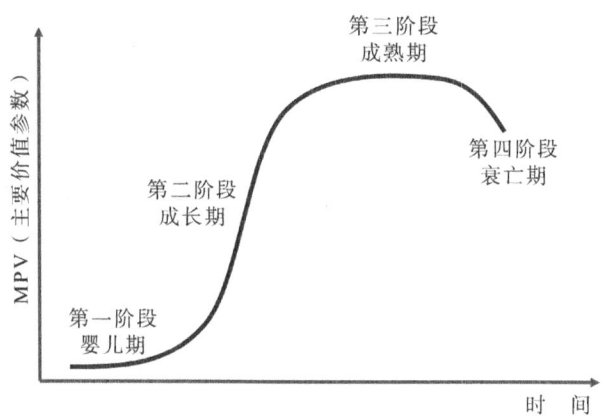

图7.4 工程系统的S曲线

*X*轴：*X*轴代表的是时间。我们将产品或者技术出现的那一刻作为*X*轴的起始点。整个S曲线的时间有的很长，达数十年，甚至数百年，有的却很短，仅仅有数年或者数月。

*Y*轴：*Y*轴指的是MPV（Main Parameter of Value，主要价值参数）。在《TRIZ：打开创新之门的金钥匙Ⅰ》中，我们介绍了MPV这一概念，反映的是能够影响客户购买决策的参数。例如，手机拍照的效果，乘坐高铁时所用的时间，餐厅用餐时食物的口味及环境等。这与经典TRIZ理论中的S曲线有所不同，在经典TRIZ理论中，S曲线指的是重要的指标，但并没有明确这个指标是什么。而在现代TRIZ理论中，纵轴指的是MPV。

在这里需要注意的是，客户在购买某个产品时所关注的MPV并非只有一个，而是可能有许多个，而且这些MPV的重要程度也不尽相同。因此，我们不能笼统地说某一个工程系统处于S曲线的哪个阶段，而应该谈这个工程系统的哪个MPV处于哪个阶段。我们在后续可能会讲到某个工程系统处于某个阶段，其实指的是该工程系统的某个极为重要、非常具有代表性的MPV处于某个阶段，而非整个系统处于某个阶段。

我们以一个熟悉的工程系统——家用轿车为例，当我们购买家用轿车时，车的速度、导航性能、油耗、自动驾驶性能等均是能够影响客户购买决策的MPV。但这些MPV所处的阶段并不相同，例如，汽车的速度这个MPV处于第三阶段，而油耗这个MPV还有继续下降的空间，因此处于第二阶段，自动驾驶性能这个MPV还没有真正走向市场，因此还处于第一阶段。

2. S曲线各阶段的标志

在《TRIZ：打开创新之门的金钥匙Ⅰ》中我们提到，在经典TRIZ理论中，判断工程系统处于哪个阶段的标志主要有四个方面，即产品的性能、专利的数量、专利的发明级别、经济收益等指标，如图7.5所示。

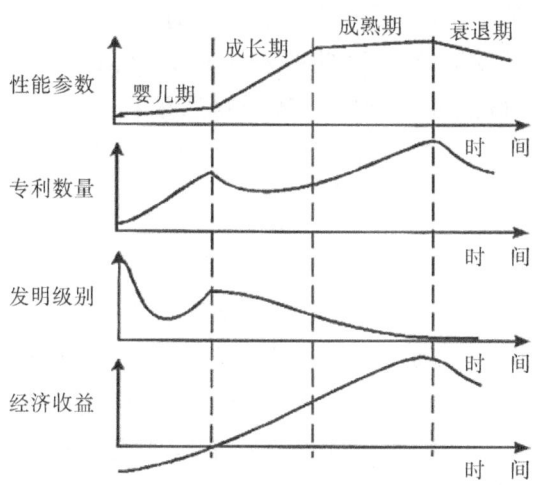

图7.5　经典TRIZ理论中S曲线各个阶段的标志

但通过这些指标反映出来的情况却有可能与实际情况不符。比如，专利的数量这一指标，专利从申请到最终授权所需要的周期一般为两年左右，典型的时间为18个月，也就是说，我们当前分析的时刻向前推两年的时间里，所收集到的专利数量并不准确，但工程系统所处的环境却可能在这两年里发生了很大的变化，有可能当我们看到全部的专利信息时，这个工程系统早已退市，从而失去了对工程系统开发的实际指导意义。再比如，专利数量和专利级别这两个指标，最近这几年，随着整个社会对专利工作的重视以及政府层面对专利的政策鼓励，在大多数技术领域，无论这个产品目前处于哪个阶段，专利的数量都比以前有了大幅提升，但专利的发明级别却不太高。如果运用这些被政策、人为因素等扭曲的指标，而不是正常的市场行为所产生的指标来判断工程系统的MPV处于S曲线的哪个阶段，就很容易做出错误的判断，导致后续的应对策略也产生相应错误。

现代TRIZ理论中，S曲线所处阶段的判断标志有所不同。这些判断标志主要包括MPV的增长模式和具有这个MPV的工程系统在市场上的表现形式，同时还附加一些其他的辅助判断方式。当然上述提到的经典TRIZ理论中的几种判断标准，如专利的数量、专利的级别等也会被用来作为辅助的判断指标，但已经处于次要的位置。

3. S曲线各阶段的驱动力

工程系统的某个MPV不可能无缘无故地处于S曲线的某个阶段，它是由某些驱动力所决定的。这些驱动力可以将MPV推向下一个阶段，也可以将MPV限制在某一阶段，甚至将其消亡。这些驱动力主要有两类，即推动力和阻力。MPV处于哪一个阶段，是这两类驱动力相互角力的结果。

4. S曲线各阶段的策略

我们在研究S曲线的时候，知道如何去判断某个MPV处于哪一个阶段固然很重要，但这些都是一些对事实的陈述，对于工程系统的发展策略并无太大指导作用。其实，我们更加关注的往往是工程系统在不同的阶段采取不同的策略。如果不能在合适的阶段采取相应的策略，将会带来极为严重的后果。市场上很多产品由于符合了这些规律而获得了成功；而很多产品之所以失败，也正是因为没有采取合适的策略。这些在相应阶段应该采取的策略，对于新产品的开发以及其他发展的规划来说，都具有重要的实际指导意义。

7.3　S曲线的各个阶段

S曲线共分为四个阶段，接下来我们将对S曲线的各个阶段进行详细介绍，将分别介绍使MPV处于某个阶段的驱动力，也就是说，为什么MPV会处于某一特定的阶段；还将介绍判断某个MPV处于S曲线某个阶段的标志，即如何判断MPV已经处于S曲线的哪个阶段了，以及当知道了MPV处于某个阶段后，应该采取什么样的策略才能使工程系统获得成功等。

7.3.1 S曲线的第一阶段

工程系统的MPV处于S曲线的第一个阶段（婴儿期），意味着基于这个MPV的工程系统刚刚诞生，或是刚刚有这个想法。工程系统的工作原理刚刚被提出来，或者刚刚被用来执行它的主要功能，即设计目的。

在第一阶段，工程系统的设计往往很简陋、效率很低，一切都非常粗糙。

例如，汽车刚刚在德国被发明出来的时候，由于大部分都采用马车的组件（图7.6），因此非常简陋，一次只能行驶很短的一段距离，而且续航里程长期得不到提升，这与现代的汽车远远不能相提并论，甚至赶不上当时的马车。

图7.6 世界上第一辆汽车
（1886年1月29日，卡尔·本茨的汽车获得了帝国专利证书（专利号：37435））

也难怪在德国奔驰博物馆里写着当时的皇帝Wilhelm二世在1905年说过的一句话，"我相信马。汽车不过是暂时的现象。"如图7.7所示。

在第一阶段，系统组件之间以及系统组件与超系统组件之间的矛盾突出，这些矛盾还没有被很好地解决。比如目前电动汽车的电池存储的能量与汽车要求轻量化之间的矛盾，充电耗时较长与车主不愿长时间等待之间的矛盾等。一般说来，在第一阶段，这样的矛盾还有很多。

在第一阶段，MPV的增长非常缓慢，或者说基本上不增长。

S曲线的第一阶段可短可长，但这一阶段是工程系统必须要经历的。尽管我们可以尝试将其缩短，但无法跳过。

图7.7 作者摄于德国奔驰博物馆

底座上写着"I do believe in the horse. The automobile is no more than a transitory phenomenon."（我相信马。汽车不过是暂时的现象。）

1. 第一阶段的驱动力

当工程系统的某个MPV处于S曲线的第一阶段时，它所受到的阻力远远大于推动力。

第一阶段工程系统受到的阻力有很多，但最大的阻力就是限制MPV增长的诸多瓶颈还没有得到突破。在这里要强调的是，限制MPV增长的瓶颈往往不止一个，而是有非常多的瓶颈，这些瓶颈是串联关系，就像链条一样，链条中的任何一个环节都必须获得突破，至少能够使工程系统在一定程度上运转起来，这时MPV才会真正实现增长，否则将长时间保持在最低点。

例如，可以被应用于可控核聚变的托卡马克装置一旦突破将永久解决人类的能源问题（图7.8）。

但是自从该想法提出以来，几十年一直未能真正实现商业化发电，其中一个主要原因就是无法找到约束超高温物质的方法。

工程系统处于第一个阶段的另外一个原因是推动力不足，即无法获得足够的资源用于支持工程系统发展。

7.3 S曲线的各个阶段

图7.8 我国自行研制的世界上首个
全超导非圆截面托卡马克核聚变实验装置（EAST）[①]

（1）投资意愿不强。由于存在诸多技术瓶颈，企业的管理层以及投资者往往无法看到希望，很难下决心冒着很大的技术风险为有着众多、较大技术不确定性的工程系统投资，因为失败的可能性非常大。

（2）市场不明朗。由于看不到工程系统与市场上已有竞争系统相比的优势，相对于目前处于市场领先地位的竞争工程系统，初生的工程系统的性能无法与之相提并论，这也是初生的工程系统难以获得资源的原因。

（3）销售收入几乎为零。由于存在诸多瓶颈，而且初生的工程系统非常简陋，存在大量技术弊端，没有什么市场竞争力，也没有人对此真正感兴趣，也就不会有人购买，当然也就不会有销售收入。

基于以上原因，处于第一阶段的工程系统往往无法获得成长所需要的资源。世界上许多知名公司的诞生地都比较差，例如，世界知名电脑生产商Dell（戴尔）诞生于大学宿舍，Facebook同样也诞生于大学宿舍，而惠普和苹果等世界知名公司则诞生于车库之中，图7.9所示是著名的惠普车库，是惠普诞生的地方。

有些工程系统开发的时候虽然能够获得足够的资源，但是由于技术瓶颈很难突破，所以MPV照样不会增长，因此技术瓶颈也是限制MPV增长的原因，而且通常是最重要的原因。

比如，早在1984年，美国卫生部长Margaret Heckle就预言HIV疫

[①] 由于这类装置应用了与太阳核聚变一样的科学原理，因此又被称为"人造太阳"。

图7.9 惠普车库
车库地址：367 Addison Ave, Palo Alto, California
1939年，Bill Hewlett 和 Dave Packard在后者的车库里创立了惠普公司，
公司成立的时候只有538美元

苗很快就会被研制出来。但30多年过去了，虽然许多科研机构、知名企业、大量科学家在上面投入了大量精力和经费，但目前仍然没有一款艾滋病疫苗上市。因为其中有大量的技术瓶颈需要攻克。

再比如，世界上第一部手机是摩托罗拉公司耗时长达10年，耗资达1亿美元后于1983年开发出来的，突破了大量的技术瓶颈。

2. 第一阶段的标志

工程系统的MPV处于S曲线第一个阶段有以下两个最重要的标志：

（1）MPV的表现：工程系统MPV基本上不增长或者增长非常缓慢。例如，前面提到的托卡马克装置。目前，它仅存于实验室中，而且在很长一段时间内无法实现商业应用。

（2）市场的存在：由于工程系统不具备真正的实用性，工程系统没有在市场上出现，或者说还无法在市场上立足，还处于实验室阶段。例如，我们前面所提到的艾滋病疫苗，虽然经常听到有关它的进展的报道，但目前还没有一款疫苗上市，也就说明了它仍然处于第一阶段。

除了上述两个最重要的标志之外，还有其他的辅助性标志：

（1）工程系统是一个新的系统，它具有至少一个具有吸引力的"冠军"参数，比如新能源汽车有一个具有吸引力的特点，就是不会排出污染物污染大气（图7.10）。

（2）工程系统必须借用其他已有工程系统的组件。

① 由于无法获得成长所需资源，工程系统只能从其他已有的工程

7.3 S曲线的各个阶段

图7.10 新能源汽车

系统中获取必要的组件。

② 由于现在还看不到为工程系统生产定制的组件是否有前景,因此,不会有人投资生产为工程系统特制的组件。

基于以上两个原因,工程系统必须借用目前已有的其他工程系统的组件。比如,火车刚刚出现的时候,必须借用马车的绝大多数组件(图7.11),因为当时马车在交通工具中占有绝对优势地位。火车必须借用为马车定制的车厢,为马车定制的铁轨,这也导致了现代铁路铁

图7.11 英国工程师乔治·史蒂芬生(George Stephenson)在1829年建造了世界上第一条公共铁路,制造了世界上第一台蒸汽机车并成功投入商业运营

轨的轨距仍然要与数百年前两匹马的屁股的外间距相匹配，如图7.12所示。

图7.12　铁轨的轨距由数百年前两匹马屁股的外间距决定

（3）第一阶段的工程系统需要与目前市场上的主流工程系统相结合。由于工程系统没有自己特定的资源，因此需要主动与目前的主流工程系统相结合，以方便获取已有的资源，在这个阶段进行特性传递应该是很有前景的。例如在智能驾驶领域，所用到的汽车与常规汽车是相同的，只是额外加装了自动控制系统（图7.13）。可以预见，随着未来智能驾驶技术的发展，再也不需要司机，为司机所提供的方向盘、仪表盘等都可以剪裁掉。但是目前，智能驾驶系统只能与占主流地位的常规汽车相结合，而将自己最大限度地集成到常规汽车中，为常规汽车提供自动驾驶和人工驾驶两种模式。这样做的好处是可以趋利避害，最大限度地获得市场的认可。

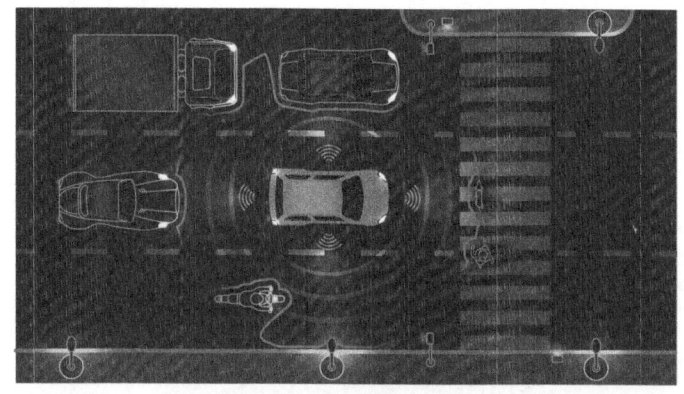

图7.13　汽车自动驾驶技术

（4）类似的工程系统还有很多版本。具有类似"冠军"参数的工程系统有很多版本，基于类似工作原理的工程系统也可能有很多版本，各有各的优势和劣势。比如紧凑式存储器刚刚出现的时候，出现了很多类似的版本，它们具有差不多的"冠军"参数，都很小巧，方便携带，很容易集成到电子产品中，与常规的体积大、重量大的硬盘相比具有非常大的优势（图7.14）。几乎同期出现的工程系统有基于机械的微硬盘技术，基于闪存技术的记忆棒（SONY）、CF卡、SD卡，Micro SD卡等，它们的大小、外形、接口等都不一样。其中，几种基于闪存技术的工程系统虽然有很大差异，但工作原理基本上完全相同。

图7.14 曾经在市场上出现的不同形态的闪存卡

（5）第一阶段工程系统的复杂程度会越来越高，经历复杂—简化—再复杂—再简化的过程。

工程系统刚刚出现的时候往往比较简单，为了提高工程系统的性能，需要额外增加一些组件，随着这些组件的加入，又会带来其他问题。因此要将工程系统进行重新简化。例如，计算机刚刚出现的时候非常复杂（图7.15），随着计算机性能的提高，计算机更加复杂。后来随着集成电路技术的出现，大大简化了计算机的组成部分，实现了小型化。

随着多媒体技术的发展，为电脑提出了新的需求，这时候出现了声卡、网卡、显卡等组件，大幅提高了计算机的性能（图7.16）；再后来随着计算机小型化需求的增加，这些卡又被集成到了主板中，甚至芯片中（图7.17）。目前，手机行业也正在遵循着这一趋势向前发展。

第 7 章　工程系统进化趋势介绍和 S 曲线

图7.15　1946年2月14日，世界上第一台电脑ENIAC诞生
（使用18800个真空管，长50英尺①，宽30英尺，占地1500平方英尺，重30吨）

图7.16　1981年，IBM生产了第一台个人电脑

图7.17　笔记本电脑

（6）第一阶段的工程系统还处于消耗成本阶段，只有大量的投入，基本上没有什么产出。例如，前面提到的艾滋病疫苗，目前主要是投入，还没有产出。

---

① 1英尺=0.3048米。

7.3 S曲线的各个阶段

3. 第一阶段的策略

工程系统在第一阶段有大量的技术瓶颈并且缺乏资源，工程系统的发明者在这一阶段需要有足够强的毅力，并且要注意采取合适的策略。第一阶段的策略主要有以下几条：

（1）识别和消除阻碍工程系统走向市场的瓶颈，这是工程系统在第一阶段最重要的策略。

大多人会将注意力集中在比较突出的瓶颈上，而忽视了其他瓶颈，当最大的瓶颈被消除后，其他瓶颈对工程系统的限制又会变得突出。因此在这一阶段，要将阻碍工程系统发展的一系列瓶颈全部识别出来，然后将这些瓶颈尽快消除掉。比如，在电动汽车行业，许多人认为只有电池容量是一个瓶颈，其实除此之外，还有充电的速度、电机的功率和效率等，这些都是阻碍电动汽车走向市场的瓶颈，需要将它们全部突破，电动汽车才能真正走向市场。

（2）提高功能。在S曲线的第一个阶段，虽然工程系统具有比较大的潜在优势，拥有某个或者少数几个"冠军"参数，甚至已经能够展示出它的优势，优于目前市面上的现有工程系统，但由于它的多个功能还无法与市场上的主流产品相提并论，即使冠军参数也无法与目前市场上已有主流竞争系统抗衡，而且价格往往比较高，因此，在第一阶段必须提高工程系统的功能，才有可能真正走向市场。

（3）降低成本。由于第一阶段在实验室的工程系统产量较低，只有为数不多的实验品或者原型产品，量产效应没有显现，无论是人力成本还是原料成本都非常高。因此，第一阶段的工程系统并没有什么竞争力，我们需要一开始就有意识地想方设法来降低成本。例如，摩托罗拉开发出世界上第一部移动电话（图7.18），重达2磅，仅能通话半小时，售价却高达3995美元，在当时很少有人能买得起。

（4）运用已有的基础设施和资源。全新的工程系统往往不那么容易被市场接受，阻力很大。最好运用目前已有的基础设施以及目前已有的资源。例如，高铁技术与以前的铁路技术相比有非常多的不同之处，如果全盘否定以往的铁路技术，困难特别大。开始时，中国的高铁团队没有全面否定已有铁路，而是在已有铁路的基础上逐渐改造，逐渐提速，最后形成了目前的高铁（图7.19）。

图7.18 世界上第一部移动电话Dyda TAC

图7.19 中国的高铁

（5）可以对工程系统的工作原理进行大的更改甚至是颠覆性的更改。由于最开始的时候投入并不多，而且有不同的技术路径，优势和风险都不太明朗，因此，在第一阶段允许对工程系统的原理进行大的调整。比如前面提到的微硬盘技术（图7.20）最终就被全盘放弃了。再比

图7.20 微硬盘

如与高铁同期的磁悬浮技术多年来没有太大发展,而选择了高速轮轨技术等。

(6)优先在优势、劣势对比明显的领域开发工程系统。工程系统的应用领域可能会非常广泛,但有些领域对工程系统的需求可有可无,而有些领域却对工程系统有迫切的需求。可以优先在这个领域发展工程系统。比如水牙线与常规的牙线相比有很大的优势,在去除牙缝中间的食物残留等方面比常规的牙线好很多。但水牙线体积太大,不方便携带,即使放在家中也不方便使用。可以优先在牙医领域用起来,而不是不加区分地大范围推广(图7.21)。

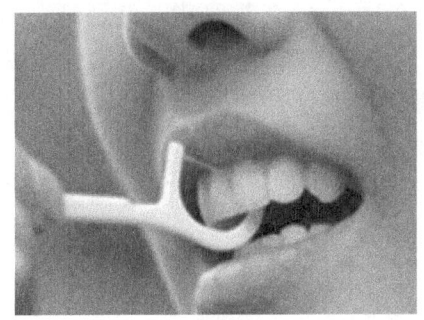
(a)普通牙线

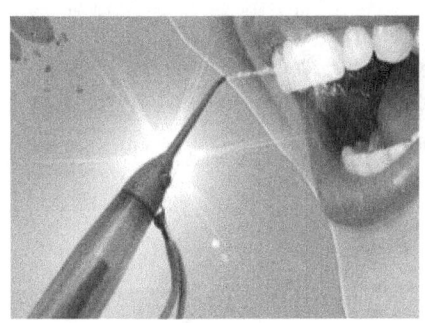
(a)水牙线

图7.21　普通牙线和水牙线

7.3.2　S曲线的过渡阶段

S曲线的过渡阶段位于第一阶段和第二阶段之间,它并不是真正属于S曲线的一个阶段,而是属于S曲线第一阶段的最末期。由于这一阶段对于企业新产品开发来说是至关重要的,所以我们将这一阶段单独拿出来作为一个阶段。在这一时期,工程系统会很快离开实验室阶段,即将进入市场。就像一个刚刚走过婴儿期,即将独立走路的儿童。

在这一时期,工程系统有着巨大的发展潜力,但同时也是工程系统整个生命周期中最为危险的阶段,因为同时面临着内部和外部的激烈竞争。

在这一时期,工程系统非常脆弱,由于公众对新生事物的争议,意见不一,工程系统对技术、环境、社会、市场等各种各样的因素都非常敏感、很有争议。一些言论、文章甚至是只言片语等都会促进或者阻止工程系统的进一步发展。

基于相同原理的工程系统会有很多版本，但大部分都是失败的，只有一种或者极少数工程系统能够最终胜出，而且胜出的并不一定是技术最好、最有发展潜力的工程系统。

这一点与细菌的繁殖类似。图7.22展示出了两种细菌（A型细菌和B型细菌）的繁殖情况。科学家们曾经做过实验，A型细菌具有比较高的发展潜力，而B型细菌的发展潜力比较低。如果在培养皿里只有A型细菌或者只有B型细菌，A型细菌的长期繁殖数量要高于B型细菌。但相对于B型细菌，A型细菌需要更长的适应期适应环境；而B型细菌在很短的时间内就能适应环境，并开始繁殖。

如果把A型细菌和B型细菌同时放在同一个培养皿中，B型细菌很快就能适应环境并迅速开始繁殖，而A型细菌需要一段较长的时间来适应，在这段时间里A型细菌并不繁殖或者繁殖速度非常慢。当A型细菌经过适应期开始繁殖的时候，培养皿中已经有相当多的B型细菌了，A型细菌的数量将始终无法超过B型细菌的数量，最终B型细菌将会胜出。

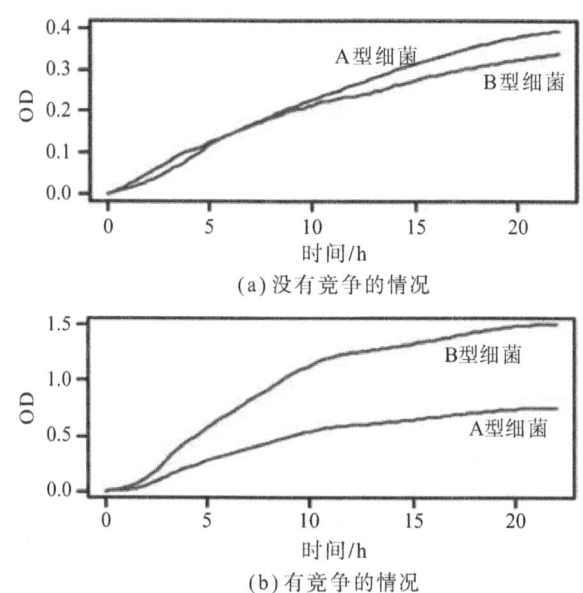

图7.22 两种细菌在培养皿中繁殖的表现

（来源：Competitive and cooperative metabolic interactions in bacterial communities, Shiri Freilich, et.al, Nature Communications, 13 Dec 2011, DOI: 10.1038/ncomms1597）

7.3 S曲线的各个阶段

1. 过渡阶段的驱动力

当工程系统处于过渡阶段时，推动力和阻力形成了一个相对的平衡。这个平衡是不稳定的，有的时候推动力大于阻力，有的时候阻力大于推动力，甚至非常小的事件都有可能对工程系统成功与否产生重要的促进或者阻碍作用。

比如，手机即将推向市场的时候，曾经有人质疑手机辐射对人体的影响，认为如果用手机比较多的话，会使人得脑癌，这一因素让许多人对手机望而生畏（图7.23）。但随着手机的普及，并没有证据证明手机辐射与脑癌有关系。但这一传言曾一度阻碍了手机的发展。

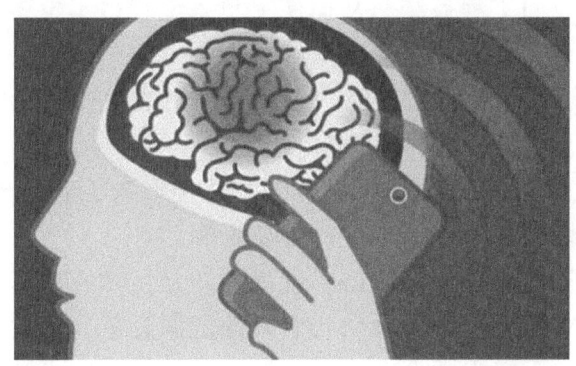

图7.23　使用手机致人得脑癌的传闻使人对手机望而生畏

再比如，目前人们广泛关注的转基因食品，支持转基因的一方与反对转基因的一方均没有充足的证据证明，转基因食品对人的健康到底有没有害（图7.24）。但这一争议却使得基因技术一直无法获得大面积推广。

图7.24　与转基因食品的争议相关的一幅海报

在过渡阶段，工程系统处于推动力和阻力势均力敌的相持阶段。

首先，我们来看推动力方面：

（1）主要的技术风险已经被排除。在工程系统处于第一阶段时，工程系统面临巨大的技术风险，有非常多的不确定性，工程系统的MPV也比现有的工程系统差。随着不断发展，工程系统虽然还有一定的技术风险，但主要技术瓶颈均已被突破，已经展现出很好的发展前景。

（2）吸引了众多的关注和投资。由于工程系统已经展示出了良好的发展前景，展露出了黎明的曙光，投资风险大幅降低，因此，大量投资开始被吸引投向工程系统，从而使工程系统获得了更多继续发展的可用资源。

（3）来自政府层面的支持，即政府补贴或税收减免等。有些工程系统虽然有良好的发展前景，但由于技术风险太大，发展前景不太明朗，因此，较少有人愿意投资。这时，往往政府会出面给予必要的支持，使工程系统获得进一步发展的必要资源。

比如，太阳能电池（图7.25）发展初期，虽然它可以生产清洁的能源，但由于成本太高，根本无法与常规的能源竞争，因此，德国、中国等政府给予了太阳能电池企业大量补贴，扶持太阳能电池技术的发展，太阳能电池的MPV也逐步提高。

图7.25　太阳能电池

再比如，中国在发展新能源电动汽车的时候，为电动汽车企业提供了大量补贴，而对常规能源的传统汽车征税。

总之，在过渡阶段，推动力相对于第一阶段大大增加。

7.3 S曲线的各个阶段

我们再来看阻力方面，在过渡阶段，工程系统面临来自多方面的竞争，既有来自目前市场上主流工程系统的竞争，又有来自基于相同原理的本领域的其他工程系统的竞争，还有许多非技术因素的阻力，综合起来的阻力也是空前强大。

（1）来自基于类似技术的本领域的竞争。在过渡阶段，往往会出现几种不同的工程系统，它们的工作原理大致相同，这些工程系统会相互竞争，但仅有少数工程系统会最终获得成功。

比如，电脑开始出现的时候，有大量电脑品牌涌现，除了目前主流的联想、戴尔等之外，还有其他品牌，如图7.26所示。

王安计算机

康柏计算机

方正计算机

DEC计算机

AST计算机

图7.26　早期众多品牌个人电脑

再比如，共享单车发明后，市场上出现了大量品牌不同、颜色不同、功能稍有差异的共享单车（图7.27）。它们之间展开了激烈的竞争，但大多数都以失败而告终。

（2）来自现有工程系统的竞争。当现有工程系统意识到自己将被排挤出市场时，将有可能采取种种手段将新的工程系统扼杀在摇篮之中。由于现有工程系统在市场上占据主流，拥有广泛的资源，甚至可以影响政府的决策及公共媒体等，为处于过渡阶段工程系统的进一步发展设置障碍。另外，现有工程系统还会通过降价来增强竞争力，以维持已有的市场优势，让过渡阶段工程系统的优势没那么明显。

第 7 章　工程系统进化趋势介绍和 S 曲线

图7.27　过渡阶段的共享单车品牌众多，但大多失败

比如，汽车刚刚出现的时候，马车从业者的势力非常大，他们通过立法的方式对汽车做了种种限制，甚至出现了如前面所提到的德国奔驰博物馆里写着当时的皇帝Wilhelm二世所说过的一句话，"我相信马。汽车不过是暂时的现象"。

再比如，随着5G技术在市场上的出现，传统的宽带网络大幅降价应对，以维持市场份额。

对于现在出现的新能源汽车，传统汽车厂商竞相通过大幅降价来提高自己的竞争力。

（3）非技术因素（例如，法律等）开始介入。工程系统除了面对内部和外部基于技术的竞争外，还面临着一些非技术因素的竞争，甚至是一些没有依据的猜测。但这些没有依据的猜测却限制了工程系统的发展。其中比较著名的当属直流电和交流电（图7.28）之争，这两种技术差不多同时出现，著名的发明家爱迪生支持直流电，而特斯拉支持交流

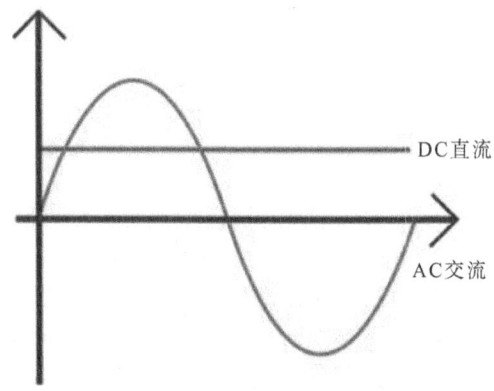

图7.28　直流电与交流电

电。为了证明交流电有危害，爱迪生当众用交流电做实验，电死了一头大象，另外还对犯人实施电刑，引起了公众对交流电的恐惧，如图7.29所示。

图7.29 为证明交流电有危害，爱迪生当众电死了一头大象

再比如，Google街景在造福社会的同时，曾因为非法收集个人信息，侵犯当地居民的个人隐私，而在世界很多地方遭到起诉，并支付巨额罚款（图7.30）。

图7.30 Google街景因侵犯个人隐私而被广泛诟病

同样出于对隐私的保护，在一些国家，视频监控以及人脸识别等技术被大大限制。另外，虽然克隆技术已经比较成熟，科学家已经克隆出羊、牛等生物，但出于对伦理的讨论，对人的克隆技术一直停滞不前，技术上来说并不是做不到，而是因为非技术的原因使它不能进一步发展（图7.31）。这些因素都是与技术无关的因素。

图7.31 伊恩·威尔莫特和他的克隆羊多莉

（4）法律捍卫旧技术。由于新的工程系统可能会对旧的工程系统或者超系统产生影响，法律或者条例等会对新的工程系统做出种种限制，这样也会限制工程系统的进一步发展。

比如，电动自行车由于速度过快导致了一些交通事故，被法律规定限速到25公里/小时（图7.32），使得电动自行车的速度无法继续提升，尽管在速度方面，已经出现了时速达到167公里/小时的电动自行车（摩托车），而且还有进一步提升的空间。

图7.32 电动自行车被法律限速

再比如，很多小区禁止共享单车驶入（图7.33），而常规的私人自行车不在被禁之列。这也是在制度层面限制新的工程系统发展的例证。

7.3 S曲线的各个阶段

图7.33 作为新生事物的共享单车被许多小区禁止驶入

总体来说，过渡阶段的工程系统面临着较大的推动力，也面临着较大的阻力，二者形成势均力敌的态势，属于不稳定的平衡，这也导致了对工程系统的评论褒贬不一，而且一些轻微的扰动都会使工程系统的发展方向产生重大变化。

2．过渡阶段的标志

工程系统的MPV处于过渡阶段有两个最重要的标志：

（1）MPV开始提升，增长速度比以前快许多。在第一阶段，由于要突破方方面面的瓶颈，虽然花了大量的时间、精力和资源，但MPV基本不增长，即MPV的发展持平。随着所有的瓶颈都已被突破后，工程系统的MPV开始提升。工程系统开始进入一个良性循环。

① 工程系统的主要技术瓶颈被突破，MPV开始提升。

② 工程系统MPV的提升开始显示出明显的优势，虽然它还达不到目前市场上主流工程系统所能达到的水平，但它的发展潜力已经显现。

③ 由于工程系统的主要技术瓶颈被突破，技术上的风险大幅降低。工程系统已经没有什么大的技术方面的风险或者瓶颈，MPV的继续提升只是时间问题，只需通过继续优化就能够解决。

④ 投资风险降低：在第一阶段投资风险很大，因为绝大多数工程系统很难走出第一阶段，都是以失败告终，如果在第一阶段投资，很大程度上会承担失败的风险。但随着少量的工程系统走出第一阶段，主要技术瓶颈被突破，投资风险被大幅降低。

⑤ 大量资源蜂拥而至：随着投资风险的降低，工程系统的发展让更多投资人看到希望，因此，人们也愿意在其中投入更多的资源，以期望在未来获得更多的回报。

⑥ 工程系统有条件进一步开发：当工程系统处于第一阶段时，MPV提升比较缓慢的一个重要原因就是缺少发展所需要的资源，随着工程系统获得更多的资源，研发团队有更多的资源可以用于进一步的开发。

⑦ MPV的增长速度进一步加快：由于工程系统获得了进一步发展所需要的更多资源，这些资源可以转化为研发所需要的人员、设备等投入，有条件突破更多的技术瓶颈，进一步推动MPV的增长。

总之，当工程系统进入过渡阶段后，进入了一个良性循环，如图7.34所示。

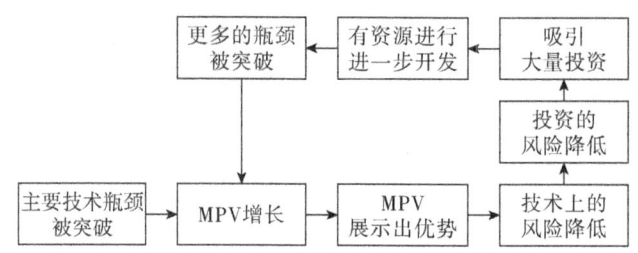

图7.34　工程系统在过渡阶段进入良性循环

比如，随着电动汽车走出第一阶段，电动汽车的多个重要的MPV，如充电速度、续航里程等均开始快速提升，而在此之前，提升的速度非常缓慢。

（2）开始在一些细分的市场上出现。由于工程系统的主要技术瓶颈已经被突破，MPV有所提升，但并没有提升到满足所有市场需求的水平。在一些能够容忍工程系统缺点的细分市场上，已经出现。比如，开始时，电动汽车由于存在充电时间长、续航里程短等问题，与市场主流的传统能源汽车相比根本不具备竞争力，因此，不可能大范围出现，它最早出现在一些充电方便、运输距离不长、对环保要求高的旅游景区、会议接待等场合（图7.35、图7.36）。例如，基于超级电容的公共

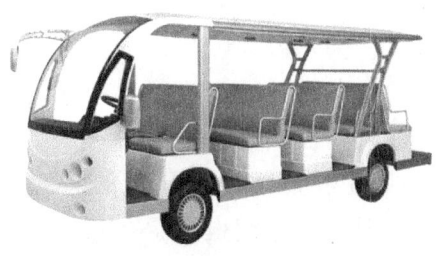

图7.35　景区旅游用车

7.3 S曲线的各个阶段

汽车也出现在运输距离较短、充电速度快、方便频繁充电的博览会上（图7.37）。

图7.36　高尔夫球场用车

图7.37　超级电容汽车

基于氢能的新能源汽车也将于近期作为示范出现在即将在张家口举办的冬奥会上，如图7.38所示。

图7.38　氢能源电动客车将在冬奥会上出现

除了上述两个主要标志以外，还有一些辅助标志，工程系统几乎已经准备好进入市场，但对于外部因素的干扰非常脆弱。

在过渡阶段，工程系统已经完成了进入市场前的所有准备，即将大规模进入市场。但由于市场上并没有运行这种工程系统的经验，一些非技术因素也开始产生干扰，往往新生的工程系统自身也没有证据证明它没有负面的作用。

比如，前面提到的克隆技术已经非常成熟，但由于涉及伦理问题，克隆人的技术一直没有突破，而且这一技术的发展前景也不明朗。转基因食品目前也面临同样的问题。

3. 过渡阶段的策略

过渡阶段的工程系统虽然已经突破了几乎所有技术瓶颈，但MPV并不太高，它虽然已经获得了一定的关注和资源，但发展阻力还是非常大。因此，在这一阶段采取适当的策略特别重要。在这一阶段，往往有两个主要的可选策略，这两个策略各有利弊。两种策略都有大量成功的实例，也有很多失败的实例作为证明。

（1）第一个策略：尽快投放到市场上。这一做法的好处是工程系统可以尽快占领市场，获得先机，在市场上获得更高的知名度。但这一策略的劣势是由于工程系统的很多方面都不是很完善，还有大量问题没有解决，这些问题会影响客户的体验，如果处理不好，会留下非常不好的名声，为工程系统的进一步发展蒙上阴影。

（2）第二个策略：将工程系统留在实验室中继续改进，直到工程系统没有什么大的问题后再进入市场。这一做法的好处是，工程系统已经非常完美，投入到市场后，会获得客户的广泛认可，客户的满意度很高。但问题是这种改进需要花很多时间，可能会错过市场迅速发展的机会，错过市场发展的机遇期。

通过上面的对比，我们看到了这两种策略的利弊。而真正有效的策略则是二者的折中，即过阶段期的第一个策略，也是最重要的一个策略。

（1）尽快投入到市场中，但并非全面进入市场，而是首先进入到某些特定的领域，在这些领域中，工程系统的优势得到充分发挥，而工程系统的缺点则得到充分包容。

例如，计算机最早起源于科学计算领域，最初的计算机体积大，非常笨重，能耗非常高，价格昂贵，编程也非常复杂，速度仅每秒数千次到数万次，根本无法像现在这么普及。但它在科学计算领域却得到了很好的运用，因为在这个领域，没人在意它的体积大、笨重等弱点，能够操作计算机的人普遍素质比较高,能够掌握复杂的编程技术,在这个领域经过了40多年的发展,20世纪80年代计算机才真正开始普及。

这一点从两种细菌在培养液中的表现也能看出端倪。前面提到,科学家曾经将两种细菌投入到营养液中,第一种细菌发展潜力不大,但适应环境所需要的时间比较短;而第二种细菌发展潜力很大,一旦开始分裂,繁殖速度非常快,但这种细菌需要花比较长的时间来适应环境。

最终的实验结果是第一种细菌最终占据了整个培养皿,而拥有更大发展潜力的第二种细菌却始终无法增长。为什么会出现这种情况呢?因为第一种细菌虽然发展潜力比较小,但它需要比较短的时间来适应环境(类似工程系统的第一阶段),适应环境后迅速开始繁殖,从而快速占领整个容器;而发展潜力较大的第二种细菌,由于需要较长的时间来适应环境,等它开始繁殖的时候,第一种细菌已经占领了几乎所有空间,第二种细菌已经没有机会了。

由此可知,在过渡阶段的主要策略是尽快进入市场。

例如,20世纪90年代摩托罗拉提出的铱星计划(图7.39),由在低轨道运行的66颗卫星组成,能覆盖全球的任何一个角落,甚至包括荒漠地带,它能够允许我们在地球上任何一个地方都可以拨打卫星电话,相对于当时甚至是当今的蜂窝移动电话来说非常有优势,因为它只需要少数的卫星就可以覆盖全球,而蜂窝移动电话则需要上千万个基站才可以,即便如此,在一些偏远的地区,仍然有一些蜂窝移动电话信号无法覆盖的区域。这两种工程系统都有比较明显的缺陷,但由于当时的蜂窝

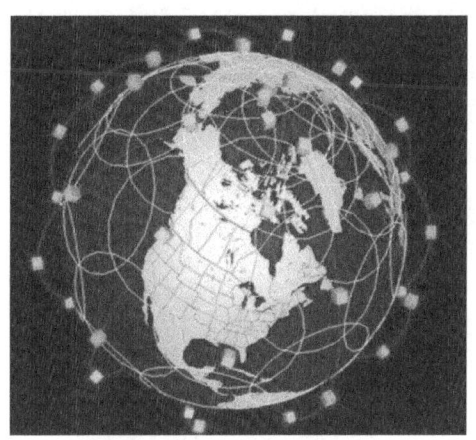

图7.39 摩托罗拉铱星计划

移动电话价格相对较低等因素，比较能够被市场接受，夺走了铱星的市场机会，最终导致了铱星系统的失败。

（2）工程系统至少有一个参数是一流参数，同时其他参数也都应该是可以接受的。工程系统至少有一个参数是独特的，是其他系统所不具备的，这就是工程系统赖以存在的条件，而其他参数也要能够接受，不至于太拖工程系统的后腿。比如，早期基于闪存技术的存储卡与机械硬盘相比并没有多大优势，甚至目前闪存技术在容量和数据的可靠性上也并无多大优势，但闪存卡有一个一流参数就是体积小，它可以被广泛应用于硬盘无法应用的领域，比如数码相机、手机、MP3（或MP4）等体积非常小的便携式电子设备之中，如图7.40所示。

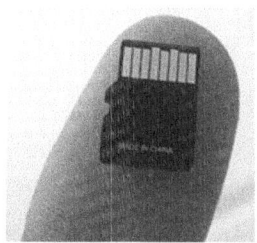

图7.40　移动硬盘和小巧的SD卡

（3）工程系统应该继续去适应现有的基础设施和资源。这一条与第一阶段的策略是类似的。

比如电脑刚刚出现的时候，运用的是已有的资源，其键盘就是借用了打字机的键盘（图7.41），一直沿用至今。当时为了避免打字员打字速度过快而导致两个字键绞在一起，而人为地对字母进行了重新排布，降低打字的速度，虽然目前的电脑能够处理非常快的打字速度，但已无法改变现有的电脑键盘格局（图7.42）。

图7.41　老式的打字机键盘

7.3 S曲线的各个阶段

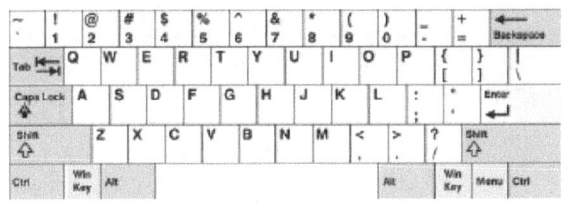

图7.42　目前常用的电脑键盘

（4）工程系统仍然可以进行大的改变，但是工作原理不能大幅改变。与第一阶段不同，工程系统在第一阶段还没有定型，可以尝试不同的技术路线，但随着工程系统进入过渡阶段，已经不允许推倒原有的技术方案重新开始了。但允许在不改变工作原理的前提下对工程系统进行大的改变。当工程系统进行第二阶段后，主要的策略就变成基于相同工作原理的优化。

7.3.3　S曲线的第二阶段

经过了沉闷的第一阶段后，工程系统进入了第二阶段。S曲线的第二阶段是整个S曲线四个阶段中最有活力的一个阶段。在这个阶段，阻碍工程系统发展的瓶颈已经全部被消除了。MPV迅速增长，而且还有非常大的增长潜力，远远没有到它的上限。工程系统开始大规模生产，并被扩展应用到很多领域中。

1. 第二阶段的驱动力

在工程系统的第二阶段，推动力大于阻力，所以MPV在这一阶段飞速增长。

工程系统的阻力比较小，因为阻碍工程系统发展的各种瓶颈已经基本上全部消除，而新的瓶颈还没有出现，或者说距离工程系统的发展极限还相差甚远，因此阻力很小，如图7.43所示。

再看工程系统所受到推动力，主要有以下几个方面。

（1）获得了更多的资源。由于工程系统的瓶颈都已经被消除，企业的管理层及投资者看到了希望，有了有利可图的预期。这时，产品的投资风险比较低，因此吸引了大量投资，而随着大量资源的涌入，一些以前无法企及的比较贵重但更加精密的设备、工艺等也能够在本领域获得应用，能够吸引一些更加熟练的专业人员，这些都可以使工程系统以更快的速度发展，因此，在这一阶段MPV获得了飞速提升。

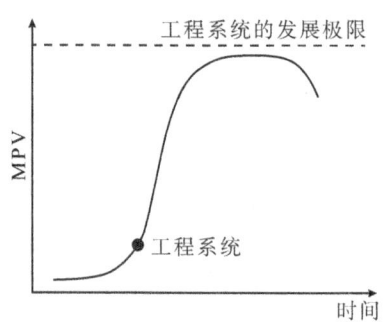

图7.43 工程系统离它的发展极限还很远

例如，随着集成电路的飞速发展，在集成电路领域有数百亿、千亿、万亿级的投入，所用到的设备数以亿计的并不少见，在这个领域也集中了大量的半导体行业的顶尖人才，如图7.44所示。

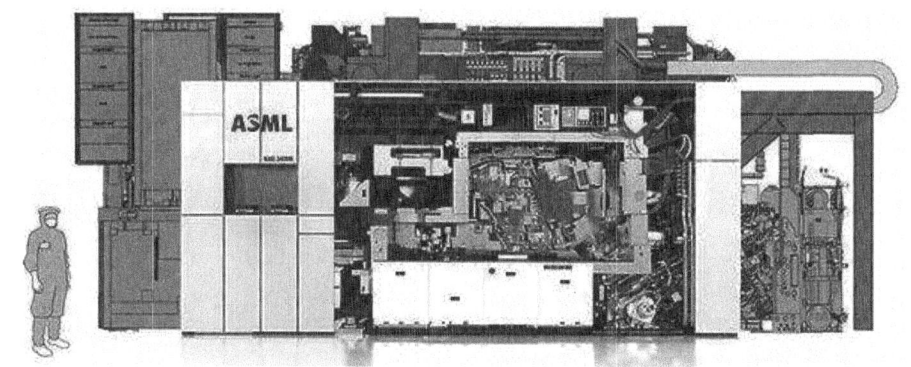

图7.44 动辄过亿美元的半导体设备

（2）有人开始为工程系统专门开发定制的产品。随着工程系统实现量产，为工程系统开发定制的产品也变得有利可图，这一预期吸引着非本领域的人开发、生产专门为本工程系统定制的产品，而这些产品或者被集成到工程系统中，或者被工程系统所消费。这些产品的应用都提高了工程系统的效率，促进了MPV的迅速增长。

例如，第一阶段的汽车所用到的组件都来自于马车。但随着汽车进入第二阶段，一些为汽车定制的产品被开发出来，比如有很多著名的企业专门为汽车生产轮胎，轮胎性能的提高也提升了汽车的MPV，再比如有人专门为汽车提供汽油（或柴油），这也提高了汽车的MPV；还有人为汽车设计、生产发动机，当然也帮助汽车提高了MPV。但这些并不能归功于汽车生产厂家，而应归功于其他领域的努力，这些领域的产品在保证自己获得利润的同时，也提高了汽车的MPV。有众多厂商为汽车开发产品，最终形成了汽车行业非常长的产业链。据说汽车行业拥有世界上最长的产业链，如图7.45所示。

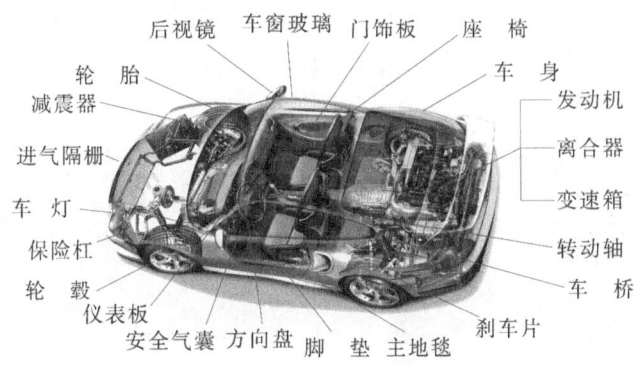

图7.45 "新材料在线"提供的汽车产业链全景图

2. 第二阶段的标志

第二阶段有以下两个最重要的标志。

（1）MPV的表现：在这一阶段，MPV增长迅速。比如，目前的电动汽车就处在S曲线的第二阶段，每一年电动汽车的续航里程都会大幅度提高，充电速度也随着时间迅速提升。

（2）工程系统的市场表现：在这一阶段，工程系统在市场上大规模出现。比如，电动汽车的销售量逐年攀升。无人机技术也已经进入高速发展阶段。5G技术即将在市场上获得大规模的应用。

除了上述两个主要的标志，还有一些其他标志。

（1）规模效应开始显现。随着工程系统由小规模的试制到大规模生产，折算成单位的人力成本、材料成本以及投入的设备成本等均会大幅降低。

（2）产品售价逐渐降低。在第一阶段，由于没有进行大规模生产，因此工程系统的成本往往比较高，高昂的价格使得工程系统无法在市场上获得推广。而随着大规模效应的出现，成本大幅降低，售价不再高不可攀。而且随着时间的推移，管理水平越来越高，工艺越来越优化，成本越来越低，售价也就越来越低，可以让更多人或更多领域接受。

例如，同种性能的电动汽车逐年降价就是例证。

（3）工程系统种类的差异化越来越明显，基于不同用途的工程系统具有不同的设计。

例如，ＬＥＤ灯处于第二阶段的时候，有非常多的设计，包括ＬＥＤ台灯、ＬＥＤ路灯、ＬＥＤ车灯、ＬＥＤ显示屏、ＬＥＤ手电筒等（图7.46），它们的主要功能是相同的，都是产生光，但是它们的用途却各不相同。

(a) LED路灯　　　　　　　(b) LED挂树灯

(c) LED台灯　　　　　　　(d) LED显示屏

图7.46　多种多样的LED应用

（4）工程系统在越来越多的领域获得应用，工程系统的潜力远远没有到达瓶颈，而且它所获得的资源足够使它在不同的领域不断扩展出新的应用。

例如，发动机刚刚出现的时候，仅仅在汽车领域获得了应用。但随着发动机进入第二阶段，它被广泛应用于多种不同的新场合，有用于汽车的发动机、用于船只的发动机、用于驱动生产线的发动机、用于抽水的发动机、用于采矿的发动机，等等。

再比如，闪存卡处于第二阶段的时候，也广泛应用于不同的领域，有的应用于手机，有的用于数码相机，有的应用于GPS，有的被用来制作U盘，有的用于录音笔等，如图7.47所示。

（5）工程系统集成了与主要功能（设计目的）非常相近的功能。这时工程系统所获得的资源，还没有达到它的瓶颈，还有充分的资源能

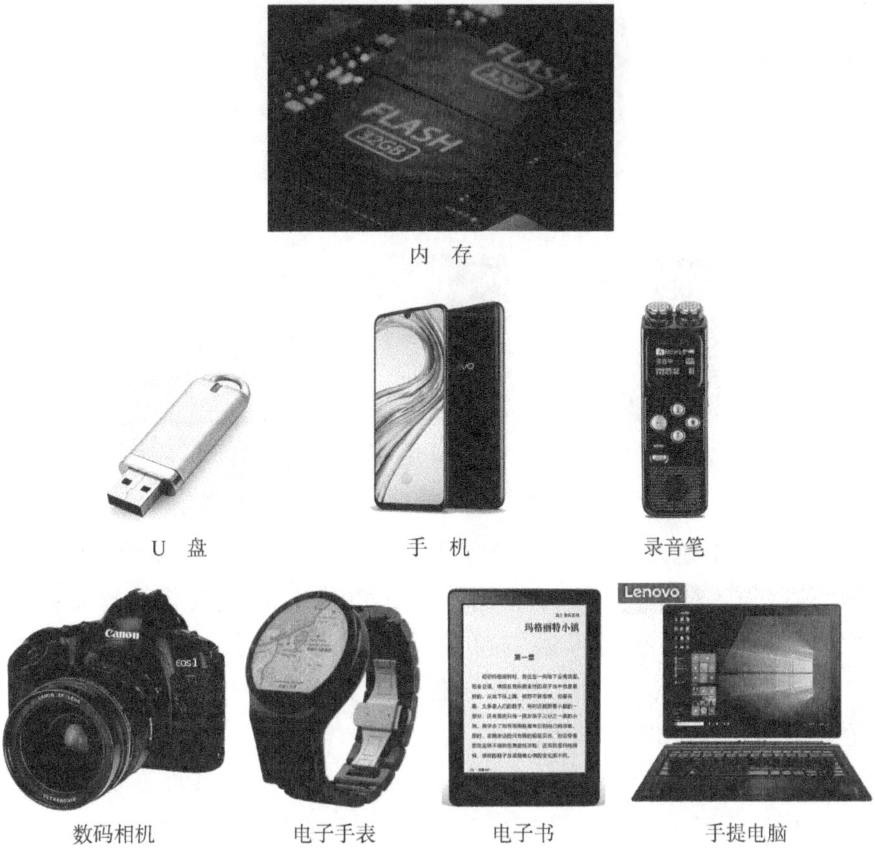

7.3 S曲线的各个阶段

内 存

U 盘　　　　　手 机　　　　　录音笔

数码相机　　　电子手表　　　电子书　　　手提电脑

图7.47　闪存卡在不同领域获得了广泛应用

够继续发展其他功能。比如汽车集成了与其主要功能相关的安全气囊、倒车雷达、GPS、自动驾驶等其他功能。

（6）在接近第二阶段晚期的时候，工程系统的同质化现象突出。由于在S曲线的第二阶段，通常不会改变工程系统的工作原理，初期由于工程系统的功能还没有达到最优化，因此经常通过调整各个参数使工程系统的性能达到最优。但由于基于相同原理的工程系统所处的应用环境类似，所遇到的问题类似，采用的技术方案也基本类似，各个参数所达到的最优结果基本上是相同的，导致不同品牌的工程系统差异化减小。例如，不同品牌手机的屏幕尺寸、外形、外壳等特征非常类似，如果将这些手机的商标盖起来，很难区分手机的品牌、型号（图7.48）。

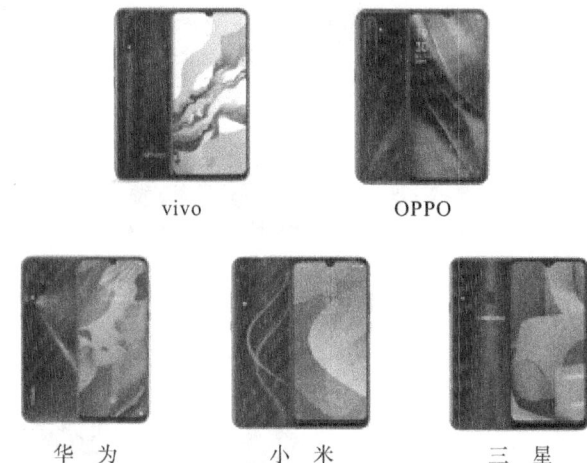

图7.48 以上几个品牌的这几款手机非常类似

（7）超系统（或基础设施）开始反过来适应工程系统。在S曲线的第一阶段，工程系统要适应超系统，以最大限度地获得超系统的资源，但随着工程系统进入第二阶段，工程系统获得了越来越广泛的推广，且获得了充足的资源，因此，促使超系统逐渐做出改变，开始反过来适应工程系统。

比如，随着电动汽车的普及，在居民小区、公共停车场等区域开始出现了充电桩，在高速公路旁边也出现了充电站等（图7.49）。

图7.49 一些新建的小区、停车场等地方出现了充电桩

（8）工程系统开始消费为其特别定制的资源。随着工程系统的快速普及，为工程系统提供相关服务和产品也变得有利可图，一些比较敏

感的商家开始开发专门为工程系统定制的产品来牟利。

例如,随着智能手机开始进入第二阶段,智能手机的销售量大幅增加,手机的贴膜服务、专门面向智能手机的智能程序开始盛行。手机贴膜提高了手机屏幕的质量。智能手机APP虽然不是手机厂商所开发,但它们却提高了智能手机的性能,如图7.50所示。

再比如,汽车进入第二阶段后,陆续出现了专门供汽车使用的汽油、柴油,专门为汽车生产的轮胎等。

图7.50 大量为智能手机开发的APP

3. 第二阶段的策略

工程系统处于第二阶段时,是最富有活力的一个阶段,市场份额逐渐攀升,可以从市场上获得丰厚的利润。

工程系统处于第二阶段的策略主要有以下几个:

(1)在保持成本基本不变的条件下提高性能。在这一阶段,工程系统的MPV发展非常快,在很短的时间内MPV就会有比较明显的提升。为了迎合特定市场的需求,提高企业的竞争力,需要在保持成本基本不变的条件下,提高工程系统的性能。

例如,虽然手机更新换代非常快,但对于定位于某一特定群体的手机来说,前一款与后一款在价格上没有多大差异,但性能却提高许多。电脑、硬盘、电动汽车等均遵循这一规律。

(2)还允许在保持工程系统MPV显著提升的同时,稍微提高成本。虽然降低成本（售价）总体上来说是一个趋势，但对于性能差别比较大的工程系统，可以调整价格以体现差异化，满足不同用户的需求。

例如，家用的宽带网络，虽然每一次在续费的时候它所提供的速度会比上一次高数倍，但价格却没有发生太大的变化。而对于速度更高的宽带，价格也应该更高，实际情况却是价格与速度并不成比例，即上网的速度可能提高了10倍，但价格可能只提高了50%，并没有成比例地增加。

（3）优化成为第二阶段工程系统发展的主要策略。由于工程系统的工作原理不大可能发生变化，而且第二阶段初期，工程系统远远没有达到它的上限，还有很大的发展潜力。因此，对工程系统进行优化就能够很大程度地提高工程系统的性能。

比如，手机的显示屏，虽然屏幕的清晰度、分辨率等参数不断提高，但依靠的手段主要是优化，其工作原理并没有发生根本性的变化。再比如手机摄像头、SD卡、移动硬盘等产品的性能虽然在最近几年有突飞猛进的发展，但均主要采用了优化的策略。

（4）把工程系统移植到新的领域中。这一点与第二阶段的标志类似。在经历了艰苦的第一阶段后，随着工程系统的各个技术瓶颈被突破，工程系统的性能、质量、可靠性等均获得了大幅提升，除了被广泛地应用于系统起源的领域外，还可以扩展到其他不同的领域，以获取收益的最大化。对于其他领域的超系统来说，由于工程系统不会为超系统带来缺点，只会最大限度地促进超系统，因此，超系统也乐于集成新生的工程系统，这是一种互利互惠的应用。

例如，OLED显示屏被广泛应用于手机、电脑显示屏、电视等多个领域（图7.51）。

图7.51　OLED显示屏在不同领域获得了应用

（5）处于第二阶段的工程系统如果产生了副作用，则可以考虑运用折中的解决方案来减小或者消除它的副作用。第二阶段的工程系统被大规模地应用于很多领域。但当工程系统应用于不同的场合时，往往伴随副作用的出现，这些副作用会给用户或者超系统带来负面影响。为了尽量发挥工程系统的优点，避免其副作用，可以通过其他方法克服它的副作用。

例如，汽车为人类出行带来便利的同时，往往也伴随着其他问题，像汽车发动机产生的噪声问题，对于这个问题，理想的解决方案是不产生噪声，但比较难以实现，工程师运用消音器来解决噪声问题。早期的汽车通常伴随着黑烟，虽然随着汽车的发展有所改进，但始终无法解决污染物如氮氧化物、固化颗粒等的排放问题，至今这一问题也没有被完全解决，为了尽量减少这一副作用，为汽车开发了尾气处理装置，大量运用催化剂等降低汽车尾气带来的污染（图7.52）。

（a）消音器　　　　　　　　（b）汽车尾气净化器

图7.52　用消音器去除汽车的噪声，用催化剂消除尾气中的有害气体

7.3.4　S曲线的第三阶段

在经历了快速发展的第二阶段后，工程系统已经成为目前市场上的主流产品，占据了大多数的市场份额，被广泛应用，产量趋于稳定。但在这一阶段，工程系统遇到了它的瓶颈，而且这一瓶颈带来的矛盾越来越突出，使得工程系统MPV的继续提升变得非常困难，即使投入再多的资源，仍然难以扭转这个趋势。当然这些瓶颈来源于不同的领域，

可能是系统自身的，也可能是外来的。

1. 第三阶段的驱动力

在工程系统的第三阶段，曾经在以前比较小的阻力变得越来越大，使工程系统前进的推动力变得越来越小或者推动力难以克服阻力，也就是说，工程系统的发展遇到了难以克服的瓶颈。因此，在这一阶段MPV无法继续保持快速增长，它的增长趋缓甚至持平。

首先看一下工程系统在第三阶段受到的推动力：在技术上推动工程系统发展的潜力已被耗尽。与第二阶段工程系统有很大的潜力相比，第三阶段的工程系统已经达到了顶峰。一棵杨树高度不大可能超过30米，就好像一个20多岁的成年人的身高一样，已经达到或者接近最高水平，再往上发展的空间不大。工程系统也一样，它的MPV已经达到了最高水平，很难再提高，或者说如果希望将工程系统的性能提高一点点，就需要付出非常高的成本。除非改变工作原理，但新的工作原理往往属于另外一条S曲线，而且处于早期阶段。

例如，白炽灯（图7.53）发光效率大约在10流明/瓦左右，达到这个水平后，不可能再有大的提高；而荧光灯（图7.54）的发光效率在

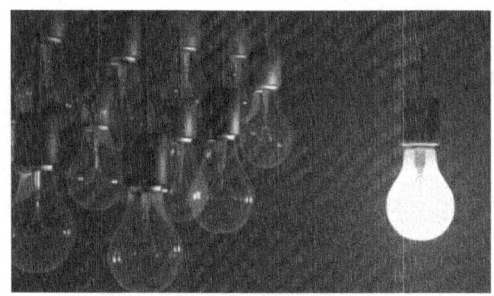

图7.53　白炽灯泡

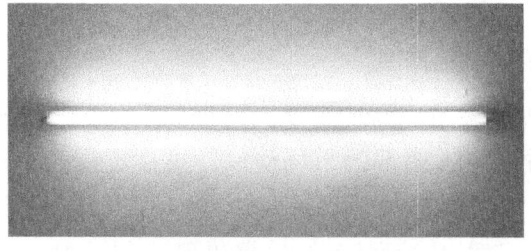

图7.54　荧光灯管

7.3 S曲线的各个阶段

60流明/瓦左右，继续提高的可能性也不大。

工程系统的销售收入达到了巅峰，有大量的自有资源可以利用。虽然在技术上面临诸多瓶颈，但在财务上，第三阶段却是S曲线所有阶段中最为充裕的阶段。无论销售数量还是销售收入都达到了巅峰，这就意味着它有条件投资一些感兴趣的领域。

再看一下工程系统在第三阶段受到的阻力：在这一阶段，工程系统受到了各个方面的阻力，可能是系统自身的，也可能是超系统的阻力，这些阻力在第二阶段的时候不太明显，但到了第三阶段已经与MPV的发展产生了强烈的矛盾，这些矛盾使得工程系统的增长趋缓，甚至停滞。当然这些阻力可能是永久的也可能是暂时的，当这些阻力发生变化后，工程系统仍然能够继续发展，再次回到第二阶段。

阻力可以可能来自于多个方面，以下是几个比较典型的方面，但可能还会有更多。

（1）工程系统发展遇到了自身的极限。工程系统遇到了自己发展的瓶颈，到达了物理上的极限。

例如，前面提到的白炽灯发光效率接近极限后，基本上不可能再有突破；再比如内燃机的效率，汽车发动机的效率，火力发电机的效率，常规牙刷能够去除的牙屑的数量……目前都已经发展到了极限，很多年来都没有多大提高，这是由它们的工作原理所决定的。如无工作原理的改变，不可能再提高。

（2）成本、经济等的极限。有些工程系统的成本太高，虽然它已经在很多领域获得应用，但无法再扩展到某个领域，即工程系统在这个领域已经达到了第三阶段。

例如，虽然有些发动机的动力更加强劲，油耗更低，但它并不能在汽车中应用，因为成本太高。

（3）用户的极限。有些工程系统虽然还有巨大的发展潜力，但由于用户已经没有这个需求，或者说目前这个水平已经能够满足用户的要求，工程系统不需要再向前发展了，MPV保持平衡就可以了。

比如，手表计时的准确性这一MPV，无论是机械手表还是电子手表等，如果不是用于科研及其他特殊的领域，对于一般应用环境，其准确性已经满足一般的要求了，虽然其准确性还能继续提高，但对于大部分用户来说已经无所谓了，差几秒、几十秒，甚至一两分钟都不会有人在意，因此手表的准确性这个MPV保持平稳就可以了，不需要继续增长，如图7.55所示。

图7.55 几种不同类型的手表给用户提供的计时准确性差不多

（4）超系统的限制。

① 目标的限制。有些工程系统虽然有很大的发展潜力，但由于它的功能目标（目标是主要功能的作用对象）不再需要，因此，没有必要再继续发展了，如果能够满足功能目标的要求，那么MPV接下来的发展就是平的，不再向上提高了。例如，冰箱的主要功能是冷却食物，对于一般的食物来说，无论是蔬菜还是肉食，只要温度在-18℃以下，基本都可以满足要求。虽然冰箱的温度具有达到-40℃、-60℃甚至更低温度的能力，但由于-18℃就已经可以满足抑制嗜冷微生物繁殖，抑制食物分解的需求了，因此家用冰箱能够达到的冷冻温度长期徘徊在-18℃左右，很多年以来并没有多大变化，如图7.56所示。

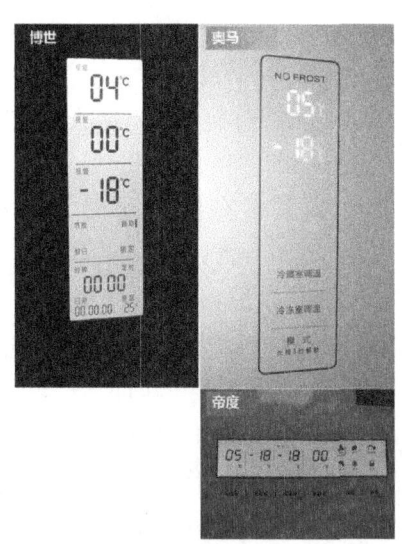

图7.56 普通冰箱的最低温度为-18℃

再比如，炒锅的温度还可以进一步继续提高，但由于再继续提高没有什么意义。只会把食物烧糊。因此，多年来炒锅温度这个MPV基本持平，不需要继续提高了。

② 基础设施的限制。S曲线的每一个阶段都有工程系统与基础设施的互动。例如，在S曲线的第一阶段，工程系统要与基础设施结合，符合基础设施的需求。第二阶段则要求基础设施做出一些改动以适应工程系统的发展。在第三阶段，基础设施的改变会更大，以适应工程系统的发展。但如果对基础设施的变化要求过大，或者付出的代价过高，则基础设施无法继续支持工程系统的发展，而是将工程系统限制在一定的范围内。

例如，由于隧道宽度的限制，用于火车运输的车厢、油罐等的宽度只能在一定范围内，不能超过这一宽度限制，尽管直径更大的油罐、更宽的车厢会装更多、更大的货物。相应的，大多数产品在设计时，都需要考虑运输这一环节。基础设施的这一限制约束了非常多的产品，甚至是运载火箭的直径。如图7.57所示。

图7.57　铁路隧道的宽度限制了大量工程系统的宽度（直径）

再比如，由于飞机行李架的限制，能够带上飞机的行李箱的尺寸不能过大，尽管用户有希望登机行李箱大一些的需求，但由于超系统的限制，行李箱的尺寸一直被限制（图7.58）。

③ 法律制度（包含专利）的限制。有些工程系统的MPV还可以继续提升，但法律规定它不能继续提升了。近年来，随着对知识产权保护力度的加大，专利也越来越多地成为一些工程系统继续发展的限制。

例如，由于塑料袋给环境带来了大量的污染，许多国家包括中国在内，都限制塑料购物袋的使用。2007年12月31日，《国务院办公厅关于限制生产销售使用塑料购物袋的通知》规定了自2008年6月1日

图7.58 登机行李箱的大小受到飞机行李架的限制

起,超市、商场等一律不能提供免费塑料袋等。同年,中国最大塑料袋企业华强停产,如图7.59所示。

图7.59 政府规定限制超市免费提供塑料袋

再比如,中国高速公路普遍限速为120kM/h,超过这一速度将会受到处罚,这一法规要求使得汽车的速度不能再提高。尽管继续提高汽车速度在技术上并不存在什么障碍,如图7.60所示。

图7.60 高速公路的限速使汽车的速度不可能继续提高

近年来,在知识产权方面的限制逐渐增多、增强,像前面所提到的微硬盘技术具有非常好的市场前景,技术上也有很好的发展潜力,但由于企业遇到了知识产权方面的障碍而不得不停产。

④ 负作用急剧增长。我们运用的是工程系统提供的有用功能,但

工程系统通常也伴随着有害功能或负面效应。第一阶段有害功能虽然比较严重,但由于仅存于实验室里,并没有在市场上出现,所以没有人关注。第二阶段虽然也有有害功能,但普及面并不是很广,因此它的有害功能及负作用并没有受到太多关注。但进入第三阶段后,工程系统得到了广泛普及,市场占有率越来越大,应用面越来越大,数量急剧增加,众多小的负作用积累起来整体负作用越来越严重,这些负作用限制了工程系统的进一步发展。

比如,汽车的尾气排放问题,当汽车的量少的时候,汽车尾气的污染问题并不突出,但随着汽车数量急剧增加,2019年,中国机动车的保有量达到了3.5亿辆,其中私家车达2亿多辆。如此多的汽车造成的空气污染就难以忽视了。

再比如,塑料袋成本很低,能够为购物、携带物品等提供便利,但随着数以亿计的塑料袋被使用,它所造成的环境污染问题日益突显,这个问题限制了塑料袋的生产、销售和进一步的发展。类似的还有电子产品的污染问题,荧光灯管中的汞所带来的环境污染问题等等,如图7.61所示。

图7.61 大量废弃的手机和废荧光灯管

2. 第三阶段的标志

第三阶段有以下两个最重要的标志:

(1)MPV的表现:在这一阶段,MPV增长缓慢,一般来说,增长比较平稳。比如,目前常规能源汽车的行驶速度就处于S曲线的第三阶段,虽然每一年都会有新的车型出现,但汽车的速度多年来保持不变,可以说没有任何新的进展。

(2)工程系统的市场表现:在这一阶段,工程系统获得了广泛应用,在市场上的销量、占有率达到了极大值,但每一年的销售量基本持平。比如，每年牙刷、牙膏、冰箱、洗衣机、空调等产品的销售总量基本上保持不变。

除了上述两个主要的标志之外，还有一些其他标志：

（1）工程系统使用高度定制的产品。当工程系统处于第三阶段时，由于其销售量非常大，为工程系统提供相关的服务有非常大的盈利空间，因此有许多产品专门为工程系统而设计以获取利益。

例如，电脑周边的产品，有些企业专门为电脑设计了键盘、鼠标、U盘、移动硬盘、手写笔等，获得了丰厚的利润。甚至还有专门为电脑设计的吸尘器、屏幕清洁剂、U盘、电脑保护套、风扇、底座、电脑桌椅等。这些系统的运用在提高电脑性能的同时，也为生产者赚取了丰厚的利润。再比如，为手机设计的保护膜、充电宝、外壳、USB充电线、蓝牙耳机、伸缩式三角手机支架等（图7.62）。

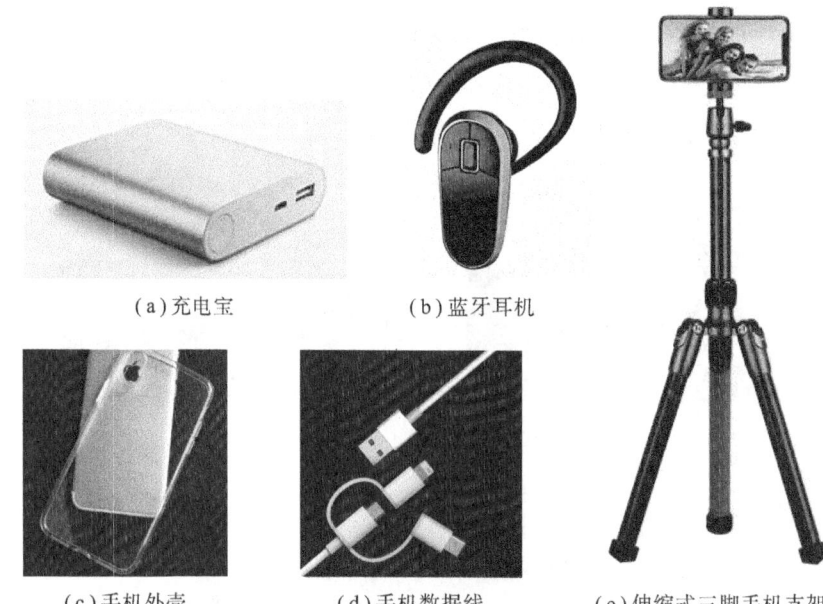

(a)充电宝　　(b)蓝牙耳机

(c)手机外壳　　(d)手机数据线　　(e)伸缩式三脚手机支架

图7.62　大量专门为手机开发的产品

（2）许多超系统组件专门为工程系统设计以迎合工程系统。由于有大量的工程系统在市场上出现，就要求超系统为工程系统做出改变。这一趋势延续自第二阶段，只是在第三阶段会更加广泛。

比如，随着手机进入第三阶段，数以亿计的手机被广泛应用，成为人民的生活必需品，大量超系统专门为手机而改变设计。许多酒店为手机提供了充电器，电源插座为手机集成了USB直流充电接口，会议室专门设置了放手机的"停机坪"，以防止与会者使用手机而精力不集中（图7.63），行李包中专门有放手机的位置，甚至有人开发出了专门放置手机的饭碗等等。超系统组件对电脑也有类似改变，比如行李箱中放置电脑的位置，家庭装修及办公室中也专门设有放置电脑的位置。

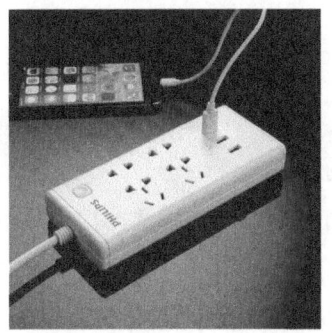

(a) 带USB接口的插线板

(b) 共享充电宝

(c) 会议室中的手机袋

图7.63

（3）工程系统之间的差异主要体现在美学设计上，其他方面并无多大差异。经过第二阶段的发展之后，工程系统得到了充分的优化，不同厂家的工程系统在前面所提到的各种因素影响下所达到的MPV水平基本类似，再无提升的空间。因此，同种工程系统之间为实现差异化，都在设计上下功夫。比如，对于LED台灯亮度这个MPV来说，经过多年对LED性能的提升，已经能够满足用户的要求，因此通过提高亮度来吸引用户已无可能。大多厂家对LED做了大量的设计，比如不同色温的LED台灯，有的偏白，有的偏红，有的偏黄；不同形状的LED台灯，有的是长条形，而有的则是圆形或者环形；固定的方式也不尽相同。尽管这些LED台灯的设计（主要是外观设计）各不相同，但它们的工作原理却基本上是相同的，如图7.64所示。

图7.64　不同样式的LED台灯

再比如，处于第三阶段的传统汽车，虽然开发出了多种不同的车型（图7.65），比如有适于一般家庭代步的轿车，有适于野外活动的越野车、运动型的SUV，有适于商务活动的商务车，有适于施工现场的工程车，有用于医用的救护车，有适于运输多位旅客的公共汽车、小巴车等等，尽管设计千差万别，在各自的细分市场上发挥着重要作用，但主要工作原理却是差不多的。

图7.65　不同用途的车辆，工作原理基本相同

（4）工程系统获得了额外的与工程系统的主要功能（设计目的）毫无关联的功能。随着工程系统的发展，市场占有率越来越高，运用工程系统所提供的资源，或者为工程系统提供服务，或者开发伴随工程系统运用过程中的产品，也变得有利可图。虽然这些产品与工程系统的主要功能并没有多大关联。

比如，运用电脑的USB供电而开发出来的风扇，为电脑用户降温；再比如USB LED灯，可以方便用户翻看资料等；有USB加热器，使用户水杯中的水保持一定的温度；还有USB加湿器，用于改变环境的湿度。这些功能与电脑的主要功能并没有多大联系，如图7.66所示。

USB加热杯垫　　　　USB风扇

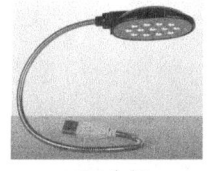

USB台灯　　　　USB加湿器

图7.66 与笔记本的主要功能关联不大的配件

再比如，随着LED手电筒的普及，出现了带有安全锤的LED手电筒，而安全锤则可以在危急时刻打碎玻璃，另外还有人开发出了带有手机充电功能以及文件存储等功能的LED手电筒。这些功能与LED手电筒的设计初衷(产生光）并无多大关联（图7.67）。

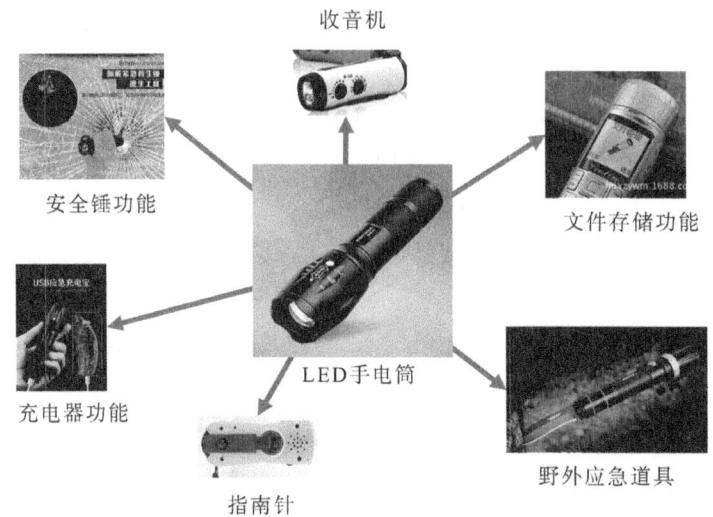

图7.67 多功能LED手电筒附加了许多与主要功能无关的功能

3. 第三阶段的策略

工程系统处于第三阶段时，在市场上占有绝对的主导地位，无论是数量还是利润比以往的任何一个阶段都要多。

工程系统处于第三阶段的策略分为短期、中期和长期策略，主要有以下几个。

（1）短期、中期策略之一：降低成本。在第三阶段，由于受到前面所提到的各种驱动力的限制，工程系统的MPV已无再提升的可能，为了提升工程系统在市场上的竞争力，降低成本是大势所趋。因此，在第三阶段，降低成本成为工程系统在本阶段最主要的策略。比如，常规能源汽车的价格普遍采取这个策略，每一种车型在每一年都会有大幅度的降价或者形式多样的促销活动，以降低成本，提高竞争力。

（2）短期、中期策略之二：开发服务组件。随着产品进入第三阶段，工程系统获得了广泛的应用，为了使主要功能的应用更加方便，可以开发一系列服务组件。

例如，为了方便泊车，开发出了自动泊车系统；为了方便寻找到达目的地的最佳路线开发了许多服务系统，如通用汽车开发的安吉星系统和GPS；目前正在开发的自动驾驶系统；奔驰、奥迪、蔚来汽车等开发了手机APP，在APP上能够远程实现对发动机启动、开启空调、车窗开启和关闭、调整座椅位置、加热座椅、陌生人接近时报警、对车的定位等功能的控制（图7.68）。

手机控车　一键启动　监控定位　专利密码锁
行车轨迹查询　信号抗干扰　远程遥控　自动开窗
行车落锁　无钥匙进入　无距离限制　手机报警　门未关提示

图7.68　为手机开发的APP可以很方便对汽车进行远程控制

（3）短期、中期策略之三：提高美学设计。如前所述，在第三阶段，进一步提升MPV已无可能，因此，需要改进工程系统的设计以与同类产品相区分。

例如，近年来手机就特别注重外观设计，手机的外壳已由几年前的黑色变为彩色，材质也由塑胶变为金属，继而变为玻璃。屏幕也由小屏幕变为大屏幕，进而变为全面屏、曲面屏等。开机画面和待机画面也变得越来越丰富多彩。就连移动硬盘、U盘也变得色彩各异、形态多样，如图7.69所示。

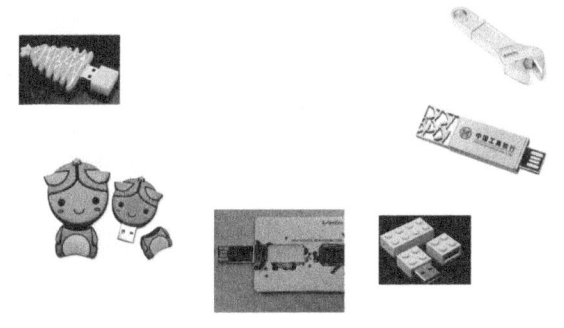

图7.69　形态各异的U盘

（4）短期、中期策略之四：开发回收相关的工程系统。第三阶段的工程系统被广泛应用,但工程系统总是有它的寿命。当寿命接近终结的时候,就会有大量的报废工程系统,大量的报废工程系统会带来严重的环境污染等问题。

例如,旧冰箱、旧洗衣机、旧手机、旧电脑等电子产品报废后,就成了电子垃圾;而旧荧光灯管、旧铅酸电池等产品如果处理不当,会带来非常严重的环境污染(图7.70)。因此,在第三阶段,要开发与回收相关的工程系统,最好做到回用、回收、提取有用成分、甚至填埋等全过程的处理(图7.71)。

图7.70　废旧洗衣机

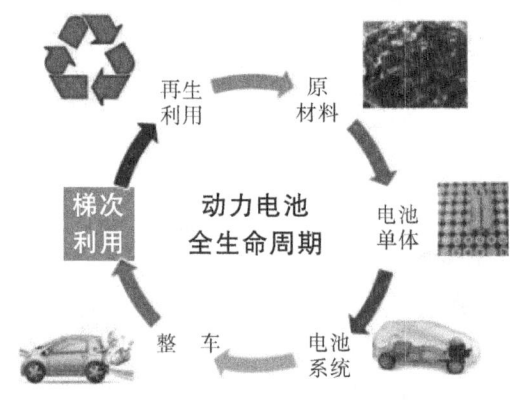

图7.71　汽车电池的循环利用

(5)长期的策略之一:为了克服瓶颈、解决矛盾,工程系统或其组件转向基于其他工作原理发展。在第三阶段,工程系统遇到了难以克服的矛盾,已经很难在原有工作原理的基础上解决这个矛盾。因此,需要转向基于一种新的工作原理的工程系统。

例如，汽车的广泛应用为人们的生活带来了很大的便利，同时也消耗了大量的能源，污染了环境。因此，需要基于新的工作原理的新能源汽车，而不是在原有传统能源汽车上艰难的改进，以节省油耗。

再比如，传统的白炽灯灯丝需要温度高以提高效率，降低能耗；又要温度低，以提高灯丝的寿命。这组矛盾一直伴随着灯丝的出现、发展直到淘汰，都没有最终解决。因此，需要基于新的工作原理的工程系统，如荧光灯和LED灯。

（6）长期的策略之二：深度裁剪。在第三阶段，降低成本成为主要的策略。为了降低成本，有些工程系统进行了深度剪裁，去除了一些不必要的功能，使得成本显著降低，这一策略通常是在第三阶段的晚期，但即使在第三阶段的早期也要为此做准备。

比如随着手机进入第三阶段，出现了对手机进行深度剪裁的卡片手机，它仅仅保持了手机的通话、短信、闹钟等基本功能，而其他功能比如拍照、上网、音乐等功能全部剪裁掉，售价仅为几十元，是普通手机价格的1%左右（图7.72）。

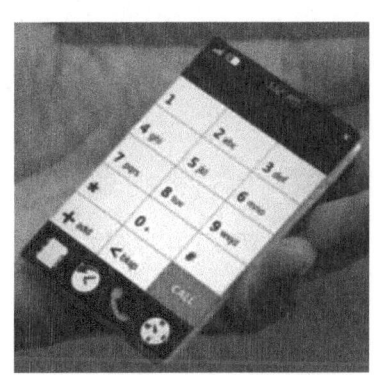

图7.72　卡片式手机

（7）长期的策略之三：与替代系统或超系统集成。可以预见，工程系统未来的发展会进入最后的衰退期，工程系统开始集成到一些有潜力的具有相同主要功能的替代系统或者超系统中。比如，数码相机开始被集成到手机之中。

（8）长期的策略之四：寻找处于早期的MPV来发展。当工程系统处于第三阶段时，虽然主要的MPV已经没有发展潜力，但工程系统能够获取的利润却是最大的，因此工程系统有充足的资源可以利用，这也就意味着工程系统可以集成MPV还处于早期的工程系统,特别是处于第一阶段末期的新生工程系统,而此时的新生工程系统由于资源的限制,正在寻找已经在市场上占主导地位的超系统。

例如,手机集成了大量处于早期的工程系统,包括指纹识别、面部识别、语音输入、GPS导航、数码相机、OLED屏、文字识别、屏幕发声等。

总之,处于第三阶段的工程系统最重要策略是:

(1)短期策略:降低成本。

(2)长期策略:跳到另外一条S曲线上去。

对于跳到另外一条S曲线上去的策略,有两种不同的跳跃的方式。

① 跳到另外一条基于不同工作原理的S曲线上去,但它们的MPV是相同的,如图7.73所示。

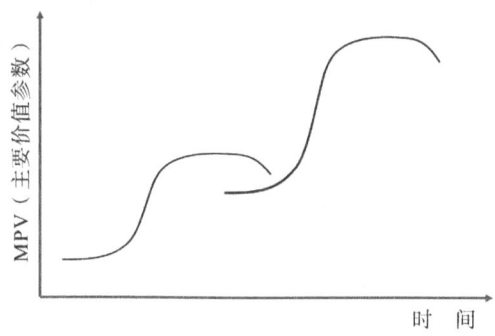

图7.73　跳到另外一条基于不同工作原理但相同的MPV的曲线上去

例如,从传统的胶卷相机过渡到基于数码技术的数码相机。二者(图7.74)的工作原理是完全不一样的,但它们满足的是相同的MPV。

图7.74　传统胶卷相机和数码相机

② 跳到同一工程系统中，目前还处于早期的另外一条不同MPV的曲线上去，如图7.75所示。

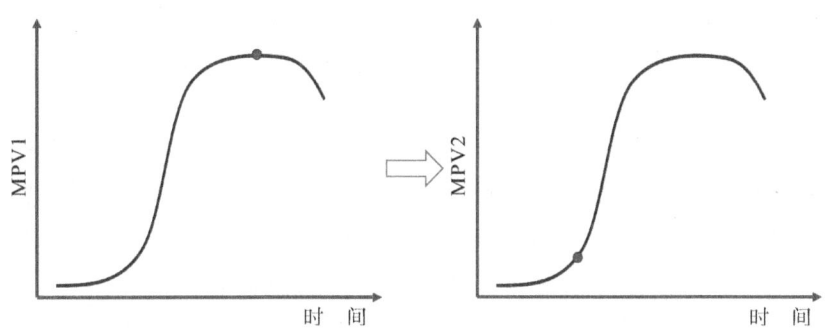

图7.75　跳到目前还处于早期的另外一条不同MPV的曲线上去

汽车的速度这个MPV目前处于第三个阶段，再继续提高已经没有意义，可以把工程系统的开发方向转向提高另外的MPV，比如自动驾驶技术目前还处于早期，由于它还没有进入市场，因此属于第一个阶段（或过渡阶段），还有很大的发展潜力，所以可以转而开发汽车的自动驾驶技术，提升智能化这个MPV而不是提高汽车的速度。

7.3.5　S曲线的第四阶段

当工程系统经历了第三阶段后，随着新一代工程系统开始进入市场，它们或者进入过渡阶段，或者进入第二阶段，挤占了老一代工程系统的空间，工程系统进入最后一个阶段，即衰亡期。与第三阶段相比，这一阶段工程系统的性能水平显著下降，一些不必要甚至必要的功能都被去除，售价显著降低，甚至成了一次性用品。由于市场上已经不再大量需要工程系统，它只在少数细分市场上存在，已经不再是市场上的主流产品，产量大幅下降，相应的随着销售量的降低和售价的降低，工程系统所产生的营业收入大幅下降。

1. 第四阶段的驱动力

处于第四阶段的工程系统受到的阻力远远大于推动力。强大的阻力使得工程系统进入衰亡期，逐步退出市场。

首先看一下工程系统在第四阶段受到的推动力：工程系统在第三阶段已经将所能获得的资源耗尽，发展潜力已经也被开发完毕，几乎再无使其前进的推动力。

第 7 章　工程系统进化趋势介绍和 S 曲线

再来看一下工程系统受到的阻力。在这一阶段，工程系统受到的阻力空前强大。

（1）更有效的工程系统已经进化到第二阶段，并且开始迫使原有工程系统退出市场。一种基于新的工作原理、更有发展潜力的新的工程系统已经走出了第一阶段，进入了充满活力的第二阶段，而且还有很大的提升空间，基于新原理的新工程系统比原有工程系统有更强的MPV，克服了已有工程系统无法解决的矛盾，能更大程度上满足客户的需要，也更加受客户的欢迎。新的工程系统开始挤占原有工程系统的已有市场，将原有工程系统赶出市场。这是工程系统所遇到的最大阻力。

比如，随着智能手机进入市场，已有的在市场上占主流的功能性手机被挤出了主流市场，以往在市场上称霸的诺基亚、摩托罗拉等也被三星、华为、苹果、vivo、OPPO等企业代替。而以往的功能型手机也只在老人、儿童等特殊的小众市场或特殊领域中存在，如图7.76所示。

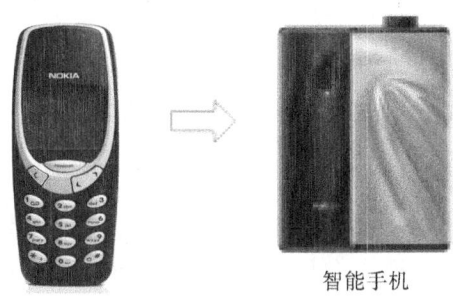

图7.76　功能手机和智能手机

再比如，曾经长期占据中国市场、在过去数百年里广泛应用的算盘，甚至曾经在中国的"两弹一星"等重大项目中被广泛应用，但随着计算器越来越普及，算盘慢慢被淘汰，仅在银行、会计等特殊的领域中应用，如图7.77所示。

（2）超系统的改变减少了对于工程系统的需求。超系统发生了变化，它所服务的功能对象或者为它提供功能的功能载体发生了变化，使得工程系统已经不再被需要，失去了对工程系统的需求。

比如，随着胶卷相机退出市场，胶卷的用量也大幅降低，曾经在市场上广泛存在的冲印店大面积消失，相纸的用量也越来越少（图7.78）。

7.3 S曲线的各个阶段

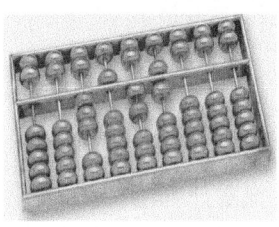

图7.77　算盘和计算器

图7.78　胶　卷

再比如，随着录音机逐步被MP3、录音笔等取代，曾经被录音机广泛应用的磁带的用量也大幅减少（图7.79）。

图7.79　磁　带

相对于胶卷和磁带，相机和录音机都是超系统组件，由于这些超系统组件逐渐被淘汰，这些工程系统也逐渐消失了。

2. 第四阶段的标志

S曲线第四阶段有以下几个重要标志：

（1）MPV的表现：MPV在第四阶段表现为下降趋势。由于出现了更加有效的工程系统，市场或者超系统对工程系统的需求已经没有第三阶段那么强烈，对工程系统的要求也没有那么高了，因此，在第四阶段，MPV的性能会有一定程度的下降，有的会显著下降，甚至会出现一次性用品。

比如，当白炽灯即将被淘汰的时候，发光效率通常不被当作一个重要的考虑指标，性能可以下降，但售价一定要低。再比如，用于吃小龙虾的一次性塑料薄膜手套、一次性围裙等或者一次性纸杯等，它们的性能要比一般用品的性能差很多，但与常规产品相比，它们的售价也相应低很多，如图7.80所示。

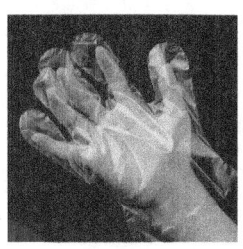
一次性手套

一次性吸管

一次性围裙

一次性纸杯

一次性饭盒

图7.80　一次性用品

（2）市场上的表现：营业收入、市场份额、利润等都大幅减少，工程系统仅少量存在于细分市场。经过第三阶段的大范围普及后，工程系统进入第四阶段。与新的工程系统相比，原有工程系统的竞争力大不如前,它只有存在于一些细分的市场中,比如算盘已经基本从市场上消失,仅存于银行、会计等特殊的领域中。

(3)工程系统的主要功能失去实用性,因此工程系统变得不再实用,成为一种娱乐性、装饰性、玩具性或者运动性设备,或者成为奢侈品。处于第四阶段的工程系统已经在普通的、正常的市场上失去了竞争力,它已经失去了原本存在的意义。它已经从原本发挥重要作用、获得广泛应用的领域中退出,只能存在于一些特殊的领域,诸如娱乐、玩具或者运动性的领域,成为旅游的纪念品、娱乐设备或者竞技运动的设备。

比如,随着汽车的普及,曾经在古代交通过程中发挥重要作用的马车,已经成为旅游景点的娱乐项目;在古代灌溉中发挥重要作用的水车,也成为旅游的景点(如兰州水车),而失去了它原本存在的意义。

再比如,在历史上应用很长时间的蜡烛,随着电灯的出现退出了历史的舞台,目前已经失去了它的本来功能(照明),主要被用来营造节日或者生日等场合的气氛(图7.81)。

图7.81 曾经在历史上发挥重要作用的工程系统失去了它的本来功能

(4)工程系统在超系统中发挥作用。随着更有竞争力的工程系统的出现,老的工程系统失去了主要的市场,但它仍然在一些特殊的领域有需求。为了满足这部分需求,老的工程系统可以在超系统中继续发挥作用。

例如,收音机曾经是家家户户的必需品,但随着电视等更加有效的工程系统的出现,它已经渐渐退出了主流市场,但我们仍然能够在许多地方看到收音机的存在,比如,收音机作为一个小小的芯片集成到手机当中,成为手机的一个功能;比如,风扇也曾经是每个家庭的必需品，但随着空调的普及，逐渐被淘汰，但在空调中仍然可以看到风扇这个组件，它被空调这个新的工程系统集成后，成为空调的一部分；再比如，手电筒曾经是家家户户必备的生活用品，但随着电灯的普及它的功能逐步被弱化，现在它作为手机的一个组件存在，如图7.82所示。

图7.82 手电筒作为手机的一个组件存在

3. 第四阶段的策略

工程系统处于第四阶段的时候，已经失去了在主流市场上的主导地位，市场份额及利润等都比第三阶段显著下降。采取合适的策略在这一阶段显得尤为重要。

（1）大幅降低售价。随着工程系统进入第四阶段，提升MPV已经变得不可能也没有必要，因此，在这一阶段，一定要降低成本，否则工程系统将完全没有竞争力，没有客户愿意花同样或者更多的钱来买MPV更低的产品。因此，在第四阶段，工程系统的售价要极为便宜以保持竞争力，甚至不惜牺牲MPV。比如，飞机或酒店内一次性的碗、勺子、叉子、刀子等，为了保持竞争力，不断地降低价格，甚至不惜降低它们的性能。

（2）寻找系统仍然具有竞争力的领域。虽然工程系统占据主流市场已经没有可能，但它可能在一些细分的领域仍然具有竞争力，老的工程系统仍然可以寻找这些细分领域，并在这些领域发挥重要的作用。

比如，我们在上面反复提到的算盘，虽然它已经被计算器、电脑等挤出主流市场,但它在银行、财务、会计等领域继续发挥着重要的作用。

再比如,毛笔曾经在中国历史上发挥着重要的作用,曾经被广泛应用,但随着钢笔、圆珠笔以及其他类型的笔的普及,它已经被逐渐淘汰,但毛笔仍然在书法界占据着重要的位置,如图7.83所示。

图7.83 毛笔仍然在书法界被广泛应用

(3)除了上述建议外,其他的建议与第三阶段相同。

① 近期和中期:降低成本,研发服务组件或子系统,提升美学设计。

② 长期:克服瓶颈,通过转向工程系统或组件的其他工作原理来解决矛盾。

③ 深度裁剪,与替代系统或者超系统集成。

这些策略与第二阶段的策略基本相同,不同的是第三阶段还有一定的时间作为缓冲,在第四阶段则必须采取措施了。

4. 第四阶段的特例——新生

经过了四个阶段的发展,工程系统走完了它的全部历程,慢慢淡出历史舞台,变成文物、古董,走进了博物馆。但处在第四阶段或者已经消失的工程系统也有可能在具备一定条件的情况下,重新突破瓶颈,焕发出生机,获得新生(图7.84)。

可能的驱动力如下:

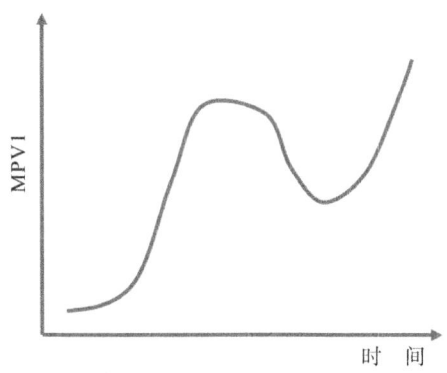

图7.84 工程系统的再生

（1）新技术或者新材料的产生。工程系统退出历史舞台很大程度上是由于它碰到了难以突破的瓶颈或者难以克服的矛盾，但随着一些新材料或者新技术的出现，这些瓶颈有了被突破的机会。因此，老的工程系统有可能重新焕发活力。

比如，手表已经处于第四阶段，在过去的许多年里，它的主要MPV并没有太大的变化，手表在很大程度上已经变成了一种装饰品或奢侈品，用于计时目的的功能已经被众多电子产品如手机、电脑等取代，普通手表已经偏离了它原本的设计目的。但随着一些新技术的出现，比如芯片、电池、显示屏等电子器件的小型化，基于这些新技术开发出了智能手表，使手表这一古老的工程系统重新焕发了活力，又重新回到生机勃勃的第二阶段（图7.85）。

图7.85 已经进入第四阶段的手表由于智能技术的出现而重新进入第二阶段

再比如，实心轮胎也经历了这样一个过程。19世纪中叶，在充气轮胎发明之前,人类应用的一直是实心轮胎,长达数千年(据说有6000多年)。它曾经有很好的发展,人类采取了许多方法来提高它的性能。但随着充气轮胎的发明及广泛应用,实心轮胎被取代,仅存在于一些非常特殊的领域,例如飞机、叉车等。因此,在过去的一段时间里,实心轮胎处于第四阶段。不过,由于充气轮胎存在的漏气、被扎、爆胎等问题越来越突出,而且在技术上很难克服,随着新材料的出现,例如高刚度、低生热、高耐热性橡胶的出现,实心轮胎又重新被重视起来。目前有许多公司已经开发出了免充气的实心轮胎,高强度的橡胶及实心轮胎的网状结构,可以实现对车架的有效支撑。由于不需要充气,有效杜绝了爆胎所造成的安全事故。目前,这一技术正在获得越来越广泛的应用。也就是说,随着新材料的出现,实心轮胎又重新回到了第二阶段,如图7.86所示。

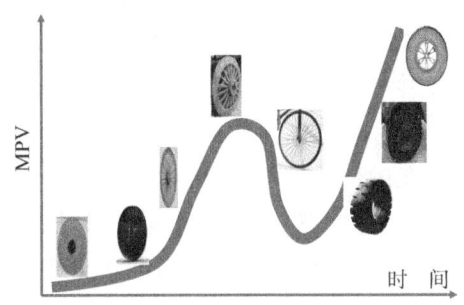

图7.86 由于新材料的突破,实心轮胎又从第四阶段重新回去了第二阶段

(2)工程系统重新获得了用武之地。有些工程系统由于超系统不再需要而退出历史的舞台,但随着超系统发生新变化,有可能使老的工程系统重新获得应用。

前面提到,100多年以前,曾经有过一段交流电和直流电的争论,最终交流电以其比直流电更容易实现电压变换,高压长距离输电损耗少等因素而胜出,开始了长达100多年的统治,而直流电却长期受到冷落。但随着微电子技术和电力电子技术的发展,绝大多数电子设备如电脑、手机、电视、数据中心等设备内部均以直流电供电,新兴的太阳能发电、新能源汽车、直流微电网等,无不是以直流电工作。直流输电技术又重新被重视,它又获得了新生。目前,有大量的企业在积极投入对直流电的研究,它的重新兴起缘于对直流电的新需求。

7.4 S曲线分析小结

本章我们介绍了工程系统S曲线的进化趋势，这个趋势是工程系统进化趋势中最高层进化趋势，其他进化趋势均服务于S曲线的进化趋势，支撑工程系统S曲线的进化趋势。在不同的阶段有不同的进化趋势为之服务。例如，增加剪裁的进化趋势主要用于S曲线的第三、四阶段，完备性进化趋势主要用于工程系统的第一、二阶段，向超系统进化趋势则会贯穿整个S曲线。

工程系统的S曲线进化趋势是对大量工程系统进行分析，从中归纳、抽取所得到的通用的、客观的规律，并不会随着某个人或某个组织的意愿而转移。由于它基于对大量工程系统的统计基础之上，经过了这些工程系统的验证，因此，它也适用于我们所研究的工程系统。

与经典TRIZ理论中以专利的数量、发明级别等指标作为标志分析S曲线不同阶段的做法不同的是，经典TRIZ理论中S曲线进化趋势的判断会有滞后以及判断不准的问题，而现代TRIZ理论的进化趋势则更多地基于工程系统MPV的发展状态、市场表现、技术表现、商业因素以及社会因素等一系列标志，用这些指标来判断工程系统在S曲线上的定位更为可靠、准确。除此之外，还可以通过研究推动和阻碍工程系统的驱动力，更深层次地理解工程系统所处的阶段。

通过S曲线不同阶段的推荐策略，可以为工程系统的发展指明方向，而且是最具前景的方向，可以让我们制定合理的产品规划，少走弯路，避免出现战略性的失误。

另外，需要注意的是，从S曲线整个过程来说，有的工程系统可能会长一些，有的可能会短一些；对于S曲线的四个阶段来说，有的会长期处于某个阶段，而有的则会很快度过某个阶段；有的工程系统可能会出现中断，但总体上来说，它的形状像是英文字母S。

另外，还要注意的是，某一特定的时刻，对于不同的地区或对于特定的细分市场，工程系统可能处于不同的阶段，S曲线的形状也有可能有所不同。

工程系统不同阶段的驱动力、标志、发展策略一览表见本书的附录2。

第 8 章

基于 TRIZ 的专利战略简介及基于初始缺点识别和因果链分析的专利规避和布局

我们知道TRIZ起源于其创始人根里奇·阿奇舒勒对大量专利的分析，他从大量的专利分析中得到了发明中存在的规律，在这些规律的指导下，我们可以更加有效地解决问题，进行创新。

随着TRIZ在许多企业获得越来越广泛的应用，TRIZ的发展在很大程度上不再依赖于专利分析。从我们所了解到的最近二三十年新开发出来的TRIZ工具来看，新开发的工具与专利分析关联并不大，而是大量来源于运用TRIZ解决问题过程中归纳总结出来的规律。这些工具在解决实际问题的时候起着非常重要的作用。

虽然目前TRIZ的发展不再依赖于专利分析，但TRIZ还是与专利有着千丝万缕的联系，TRIZ起源于专利，反过来它又可以应用于专利工作之中，为专利活动提供支持。特别是随着现代TRIZ理论的一些工具的出现，使得TRIZ理论可以更广泛地为专利提供更多、更强的支持。

由于本书篇幅的限制及侧重点，本章我们只对基于TRIZ的专利战略做一个简单的介绍，并详细介绍其中一种基于初始缺点识别和因果链分析的专利规避和布局方法，专利规避和专利布局是目前在专利领域中经常遇到的工作。

本章内容的学习需要具备一级和二级的TRIZ知识作为基础。

第8章 基于TRIZ的专利战略简介及基于初始缺点识别和因果链分析的专利规避和布局

8.1 专利战略

目前我国乃至全球对知识产权的保护力度均在加大，在可以预见的未来，知识产权的保护将会更加严格，这也就对企业在专利领域的工作提出了更高的要求。以往不太重视专利的局面将会发生彻底的改变，企业的专利战略也会随之越来越重要。

专利战略有不同的级别。一个国家有一个国家的专利战略，一个省、一个市有它的专利战略，一个企业也有它的专利战略。我们在这里谈的专利战略是企业的专利战略。企业的专利战略是企业发展战略的重要组成部分。在企业发展中起着生死攸关的重要作用。不同类型的企业出于对专利的不同目的有不同的专利战略。

一般说来，企业专利战略是企业利用专利制度，为获取及保持市场竞争优势并遏制竞争对手，取得最佳经济社会效益的总体性谋划。专利战略是企业的竞争战略，是企业提升创新能力的重要保障。企业对专利法律及其制度的综合运用和战略性运作，是企业将专利制度特点、技术特点、市场经营特点和商业化经营模式的有机结合，是企业以技术开发和创新为核心，获得竞争优势的动态运行过程，是现代企业进行专利管理的主要形式。

实施专利战略是在企业管理层面上，对技术创新中涉及的具体专利问题，诸如专利挖掘、专利布局、专利分析等，进行研究和决策，采取一系列策略和手段，遏制竞争对手，保持竞争优势。这些专利战略贯穿所有的专利活动，在专利战略的指引之下，任何一个环节都有一些具体的专利策略提供指导。一个企业的专利战略往往是长期的、全局性的，而专利策略则是更加具体的，它可以支持专利战略的实现。当然，在有些文献中，也有人称这些专利策略为专利战略。这些专利策略是众多知识产权工作者依据自己国家专利法规的具体要求，长期在企业的专利实践中逐步归纳总结出来的。

例如，有指导技术开发方向的基本专利策略，指导开发大量改进型专利的外围专利策略，有将现有专利应用于其他领域的转用策略，有专利回输策略，还有交叉许可策略、专利规避策略、专利自我矫正策略、专利无效策略、技术公开策略、迷惑策略等。各个专利策略分布于整个专利活动,如专利申请、专利信息利用、专利实施、专利引进、专利合作、专利保护、专利诉讼等之中,共同支撑着专利战略的实施。

8.2 基于TRIZ的专利战略

作为脱胎于专利分析的TRIZ理论,并不能为上述所有专利策略提供支撑,但对于知识产权专家提出的许多专利策略,TRIZ理论可以为相关专利策略的实施提供丰富的工具,使该类专利策略更加容易实施和落地,从而使这些专利策略更具可操作性。如果说专利策略支撑着专利战略的实现,那么TRIZ工具则可以为专利策略提供更加具体的战术层级的指导。需要注意的是,由于专利策略很大程度上依据的是各个国家的专利法规,所以专利策略在不同的国家有所不同,有的差异还比较大。我们在这里所讲的基于TRIZ的专利战略依据的是中国的相关专利法规,在下面的论述中将有详细的体现。

企业发展战略、企业专利战略、专利策略和TRIZ工具之间的关系如图8.1所示。

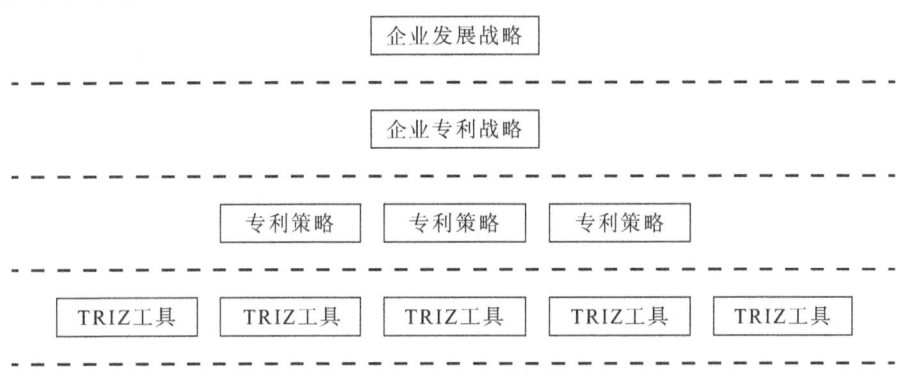

图8.1 TRIZ工具与企业发展战略、专利战略、专利策略之间的关系

运用TRIZ实施企业专利战略,最终的目标表现为:根据企业专利战略的目标,将目标变为现实的可操作规划及措施,尤其是针对市场和竞争对手运用TRIZ理论和企业创新资源实现企业专利战略。

下面,我们介绍一些基于TRIZ的专利战略,也就是将TRIZ理论与专利战略相结合的部分,在TRIZ理论的支撑下,可以更加有效地实施专利策略的方法。

1. 专利挖掘策略

专利不会凭空产生，没有发明创造，就不会有专利的产生。技术的突破是专利的起点。对于这一策略，TRIZ提供了丰富的工具。

（1）专利挖掘顶层设计：运用S曲线进化趋势中的标志，确定技术目前处在S曲线的哪个阶段，在不同的阶段挖掘不同类型的专利。

① 在S曲线的第一阶段，要围绕核心技术布局基础性专利。

② 在S曲线的第二阶段，要围绕核心技术布局一些优化、应用性的专利。

③ 在S曲线的第三阶段，可以进行专利规避。

④ 在S曲线的第四阶段，使仍然有效的专利授权到新的应用方向，挖掘专利的新用途。

（2）运用工程系统的进化趋势，在这些进化趋势的启发之下，可以分析技术未来的发展方向，在一些关键技术节点上进行障碍式的专利布局。由于现代TRIZ理论提供了丰富的工程系统进化趋势，在某些进化趋势的启发下，可以产生一些核心专利，而在另外一些进化趋势的启发下，可以产生一些外围专利。

（3）TRIZ为我们提供了大量分析问题和解决问题的工具，在解决了技术问题之后，往往会产生一些解决方案。在企业中运用TRIZ分析问题和解决问题的时候，通常会伴随大量创造性的解决方案的产生。一般来说，基于此类方案提交的专利申请如果满足《中华人民共和国专利法》第22条第二款所规定的新颖性、第三款所规定的创造性和第四款所规定的实用性，通过审查后可以获得专利授权。

2. 外围专利策略

围绕企业的基本专利，希望进一步增强在该领域的优势，可以运用工程系统进化趋势的方向，利用向超系统进化趋势、工程系统组件完备性进化趋势等，在基本专利的基础上开发质量更好的改进型专利，或者申请数量充足的外围专利。

3. 专利规避策略

专利规避是目前国内外企业应用非常广泛的策略。因为现在的企业为了保护自己的技术大量布局专利。面对如此多的专利，其他企业在运用一些技术方案的时候，为了避免专利侵权，需要产生大量的规避方

8.2 基于TRIZ的专利战略

案，以期绕过竞争对手的专利。而现代TRIZ理论中也有大量工具可以满足这一应用场景。为了实现有效的专利规避，首先要知道，技术方案在什么情况下会侵权，而在什么情况下不侵权。假设目前有一个竞争对手的专利，在该专利的独立权利要求中，有四个必要的技术特征，分别为A、B、C和D，该专利的保护范围就是由技术特征A、B、C和D组成。某企业被诉侵权技术也是由技术特征组成的，以下几种可能情况出现在专利诉讼中，一般来说，法院依据中国专利法规对不同技术特征组合的被诉侵权技术的侵权情况判定，见表8.1。

基于表中所出现的几种不侵权的情况，正是我们运用TRIZ理论工具开展工作的方向，从源头开始就朝着不侵权的情况努力。

（1）对于第3种情形，根据北京市高级人民法院《专利侵权判定指南（2017）》第128条的规定，被诉侵权技术方案的技术特征与权利要求记载的全部技术特征相比，缺少权利要求中记载的一项或一项以上技术特征的，不构成侵犯专利权。我们删减权利要求中必要的技术特征，从而实现专利规避。运用TRIZ理论中的剪裁工具，将竞争对手专利中的一个或几个技术特征去除，然后把被剪裁的技术特征所执行的有用功能用其他组件（技术特征）来代替，再运用TRIZ理论中解决问题的方法来解决剪裁产生的次生问题，就可以避免侵权。

（2）对于第5种情况，可以采用TRIZ理论中的功能导向搜索和科学效应库等工具，找到实现相同目的的不同解决方案，如果这种新的解决方案适用禁止反悔，则可以实现新方案不侵权。

（3）对于第6种情况，关键是要使替代技术特征不适用等同原则，从而不构成侵权。我们可以运用TRIZ理论中的功能导向搜索找到一些基于不同工作原理的解决方案，达到相同的目的。由于采用了不同的手段，所以不构成等同侵权。另外，我们还可以考虑运用科学效应库的方法，找到新的科学效应，达到相同的目的，同样是采用不同的手段，所以也不构成等同侵权。还有，特性传递是通过替代工程系统的相关特性来改善基础工程系统的工具，从而实现非等同技术的替换。如果基础工程系统有足够的空间，可以集成替代系统中具有所需特性的那个载体，物理上集成两个工程系统。通常物理集成较为简单，如果替代工程系统与基础工程系统属于同一个技术领域，容易造成等同侵权而导致专利规避失败。在实际用于专利规避时，尽量在不同的技术领域寻找替代工程系统，以克服等同侵权。除了传递组件，还可以考虑通过传递功能特性来实施专利规避。

表8.1 法院对被诉侵权技术不同特征组合情况的侵权判定

情况	被诉侵权技术	侵权判定	判定依据	说 明
1	A、B、C、D①	侵 权	北京市高级人民法院《专利侵权判定指南（2017）》第38条	字面侵权
2	A、B、C、D、E②	侵 权	北京市高级人民法院《专利侵权判定指南（2017）》第40条	全面覆盖原则
3	A、B、C	不侵权	北京市高级人民法院《专利侵权判定指南（2017）》第128条	全面覆盖原则
4	A、B、C、E（E=D）③	侵 权	北京市高级人民法院《专利侵权判定指南（2017）》第45条	E与D等同，适用于等同侵权
5	A、B、C、E（E=D）④	不侵权	北京市高级人民法院《专利侵权判定指南（2017）》第61条	禁止反悔
6	A、B、C、E（E≠D）	不侵权	北京市高级人民法院《专利侵权判定指南（2017）》第45条	E与D不等同，不适用等同原则
7	E、F、G、H	不侵权	北京市高级人民法院《专利侵权判定指南（2017）》第129条第1款	不相同也不等同

注：

① 根据北京市高级人民法院《专利侵权判定指南（2017）》第38条的规定，"被诉侵权技术方案包含了与权利要求限定的一项完整技术方案记载的全部技术特征相同的对应技术特征，属于相同侵权，即字面含义上的侵权"。因此，此种情况下的技术方案会侵权。

② 这种情况通常具有一定的迷惑性，有时候通过在原有权利要求的基础上增加技术特征，可以满足《中华人民共和国专利法》第22条的规定，如果以此技术方案提交专利申请，可能被授权。但是根据北京市高级人民法院《专利侵权判定指南（2017）》第40条规定，"被诉侵权技术方案在包含了权利要求中的全部技术特征的基础上，又增加了新的技术特征的，仍然落入专利权的保护范围，但专利文件明确排除该技术特征的除外。"仍然被视为侵权。

③ 根据北京市高级人民法院《专利侵权判定指南（2017）》第45条的规定，"被诉侵权技术方案有一个或者一个以上技术特征与权利要求中的相应技术特征从字面上看不相同，但是属于等同特征，在此基础上，被诉侵权技术方案被认定落入专利权保护范围的，属于等同侵权。等同特征，是指与权利要求所记载的技术特征以基本相同的手段，实现基本相同的功能，达到基本相同的效果，并且本领域普通技术人员无须经过创造性劳动就能够想到的技术特征。"由此可见，情况4构成了等同侵权。

④ 第5种情况与表中的第4中情况类似，被诉侵权技术中的特征E与特征D虽然字面不同，但同样满足等同原则，但如果特征E满足北京市高级人民法院《专利侵权判定指南（2017）》第61条规定禁止反悔的情况，可视为不侵权。"禁止反悔，是指在专利授权或者无效程序中，专利申请人或专利权人通过对权利要求、说明书的限缩性修改或者意见陈述的方式放弃的保护范围，在侵犯专利权诉讼中确定是否构成等同侵权时，禁止权利人将已放弃的内容重新纳入专利权的保护范围。"

8.2 基于TRIZ的专利战略

（4）对于第7种情况，根据北京市高级人民法院《专利侵权判定指南（2017）》第129条规定，"被诉侵权技术方案的技术特征与权利要求中对应技术特征相比，有一项或者一项以上的技术特征既不相同也不等同的，不构成侵犯专利权。（1）该技术特征使被诉侵权技术方案构成了一项新的技术方案的情况可以认定为不相同也不等同。"为找到新的技术方案，我们可以运用因果链的方法，建立因果链，通过解决因果链中不同的问题来达到相同的目的。由于解决的问题与原发明中的要解决的问题不同，所采用的解决方案也必定与原专利中的权利要求不同，属于"构成了一项新的技术方案"，因此不会侵权。对于这一部分内容，我们后面会有详细的叙述。

4. 专利自我矫正策略

这一部分策略属于专利规避策略的反面。当我们遇到了竞争专利需要规避的时候，我们可以采用专利规避策略。但如果我们拥有专利，希望提高被规避的难度的时候，就可以采用上述方法。可以对我们拟提交的专利申请进行规避，产生一个或多个规避技术方案。未来在提交专利的时候，或者以规避技术方案提交专利申请，或者将原拟提交专利申请的技术方案与多个规避的技术方案一并提交，形成专利组合。通过此策略为竞争对手规避我们的专利制造困难。这一策略中所用到TRIZ工具，与专利规避策略中用到的工具类似。

5. 专利布局策略

如果我们有核心专利，通常需要配合一些外围专利来增强技术优势。可以运用剪裁的方法产生新的解决方案，可以运用功能导向搜索及科学效应库等方法找到基于不同原理的解决方案，可以根据工程系统进化趋势的方法预测技术的发展，然后进行预测性布局，还可以运用因果链分析的方法将因果链中所有的节点产生解决方案。对于这一部分内容，我们也会在下面做详细的介绍。

6. 专利回输策略

指的是企业在引进其他企业的专利后，对其进行消化和吸收，然后再加以创新后产生新的技术方案，并将创新后的技术方案以专利的形式卖给原引进企业的策略。在TRIZ理论中有超效应分析（Super Effect

Analysis）工具，运用它可以分析专利中所提出来的技术方案，与背景技术中的解决方案相对比，有什么新的特征、引入了哪些新的资源、可能会执行什么样的新功能，然后分析是否可以利用新特征、新资源、新功能进一步产生新的技术方案，从而产生第二代、第三代……技术方案。这些解决方案可以形成专利再回输（卖回）到原企业。当然，我们也可以在自己的专利或者专利交底书的基础上再次进行超效应分析，产生创新的技术方案，然后将这些新产生的技术方案也提交专利申请。

7. 发明转用策略

根据《专利审查指南2019》第2部分第4章第4.4节，转用发明指的是将某一技术领域的现有技术转用到其他技术领域中的发明。对于这一策略，我们可以采用TRIZ理论中的反向功能导向搜索的方法，为我们的专利技术寻找不同的应用领域。

8. 交叉许可策略

如果竞争对手有一个核心基础专利，我们可以采用产生大量外围改进专利的方法，产生更先进或不一样的技术方案，迫使对方交叉许可。这一策略可与前面所讲的外围专利策略、发明转用策略等结合。

9. 专利分析策略

专利分析是利用统计学方法对专利信息进行分析，以获得竞争优势。TRIZ理论来源于对专利大数据的分析和归纳。同样地，TRIZ理论也可以为专利分析提供策略指导。比如利用TRIZ中的S曲线和工程系统进化趋势工具使专利信息转化为具有总揽全局及预测功能的竞争情报，从而为企业的技术、产品及服务开发提供决策参考。TRIZ总结了工程系统在S曲线第一、二、三、四阶段中每个阶段的创新战略，可以与专利申请量趋势分析进行对应，为企业的技术和产品发展提供战略方向启示。工程系统进化趋势可以为专利的具体技术方案分析提供指引，甚至为重要的技术里程碑提供方向性预测。

以上几种基于TRIZ的专利策略见表8.2所示。

8.3 基于初始缺点识别和因果链分析的专利规避

表8.2 几种专利策略与TRIZ工具的对应关系

专利策略		TRIZ工具
专利挖掘策略	专利挖掘顶层设计	S曲线进化趋势
	关键技术节点专利挖掘	工程系统进化趋势
	专利技术方案产生	TRIZ理论中分析和解决问题的工具
专利分析策略		S曲线进化趋势
		工程系统进化趋势
外围专利策略		工程系统进化趋势
专利规避策略	删减必要技术特征（装置类）	基于装置的剪裁
	删减必要技术特征（方法类）	基于过程的剪裁
	禁止反悔	功能导向搜索
		科学效应库
	非等同技术	功能导向搜索
		科学效应库
		特性传递
	不相同也不等同的解决方案	因果链分析
专利自我矫正（自我增强）策略		剪裁
		功能导向搜索
		科学效应库
		因果链分析
专利布局策略		剪裁
		因果链分析
		功能导向搜索
		科学效应库
		工程系统进化趋势
		反向功能导向搜索
		超效应分析
专利回输策略		超效应分析
发明转用策略		反向功能导向搜索
交叉许可策略		与外围专利策略相同

8.3 基于初始缺点识别和因果链分析的专利规避

前面提到了，我们可以采用不相同也不等同的技术方案进行专利规避。基于这一目的，我们提出了基于初始缺点识别的专利规避方法。

这种方法最早由孙永伟博士在2018年提出，并于2019年在德国举行的国际TRIZ年会（TRIZ fest 2019）上发表。

8.3.1 基于初始缺点识别和因果链分析的专利规避的原理

在本书中，我们介绍了初始缺点的识别，找到初始缺点后，以初始缺点为起点建立因果链，然后对因果链中的任何一个缺点寻找解决方案。我们也可以将同样的做法运用到专利规避之中。

对于一个我们需要规避的竞争专利，需要规避的是竞争专利中的权利要求，专利权利要求分独立权利要求和从属权利要求，范围最广的当属独立权利要求。我们可以认真阅读一下独立权利要求中所提出来的技术方案，无论提出来的是一个装置，还是一种方法，都应该是对应解决某一个技术问题而提出来的解决方案，我们把这个解决方案称为S0。如果我们不理解这个解决方案，则要详细阅读专利说明书以帮助我们了解解决方案S0的细节。如果放在因果链中，专利中提出来的解决方案S0应该是消除了因果链中的某个或几个缺点。但这些缺点并不一定是项目中真正的初始缺点，我们可以根据前面介绍的识别初始缺点的方法，一步一步地找到真正的初始缺点，将初始缺点进行反转之后就是项目的真正目的了。然后在此基础上建立因果链。不难发现，专利所解决的问题，即专利中所消除的是因果链中的某一个缺点，如图8.2所示。在图8.2中我们看到，"缺点5"是竞争专利中解决的问题。

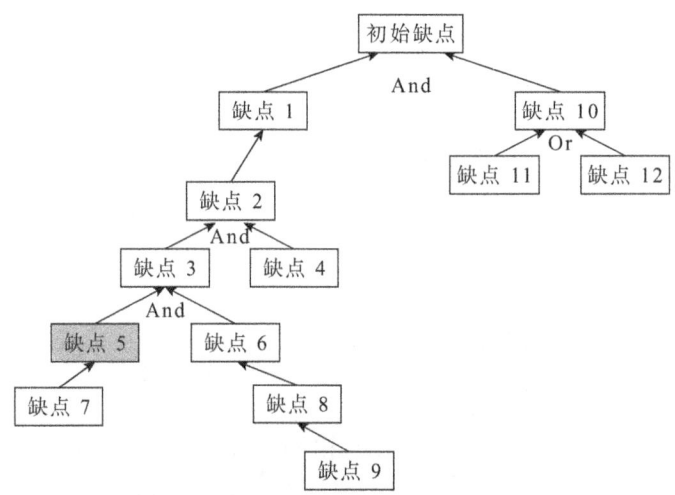

图8.2 权利要求中所提出来的解决方案消除了因果链中的一个缺点

8.3 基于初始缺点识别和因果链分析的专利规避

但在项目中是否只能通过解决"缺点5"这个唯一的缺点才能消除初始缺点,达到项目目标呢?在大多数情况下,一个项目中不可能只有一个关键缺点,有可能存在多个关键缺点,如果消除这些缺点,一样可以消除掉初始缺点,从而达到项目的目的。图8.3中所标出的"缺点2""缺点4"和"缺点8"一样可以成为关键缺点,如果我们能够产生相应的技术方案,我们把这些方案称为S2、S4、S8,这些解决方案一样可以消除初始缺点,达到项目的目的。在这个阶段,我们可以运用TRIZ理论中解决问题的工具,如功能导向搜索、发明原理或者标准解系统等。

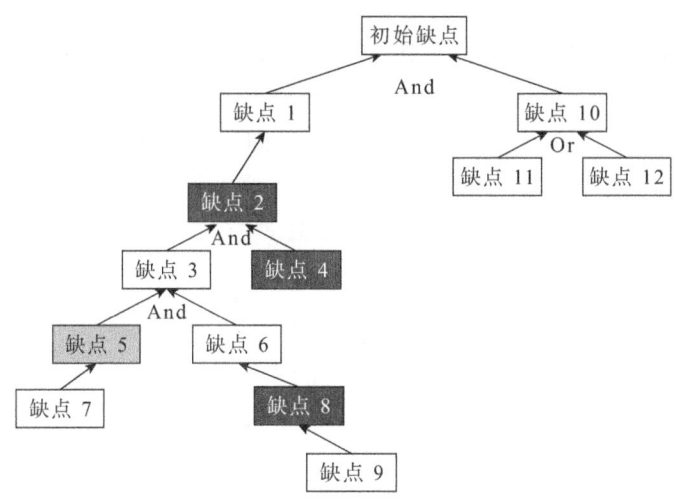

图8.3 在因果链中还有其他关键缺点

由于我们所解决的"缺点2""缺点4"和"缺点8"是不同的。所以我们所产生的解决方案S2、S4、S8与消除"缺点5"所产生的解决方案S0是完全不同的,它们可以成为北京市高级人民法院《专利侵权判定指南(2017)》第129条所规定的"新的技术方案","被诉侵权技术方案的技术特征与权利要求中对应技术特征相比,有一项或者一项以上的技术特征既不相同也不等同的,不构成侵犯专利权。(1)该技术特征使被诉侵权技术方案构成了一项新的技术方案……的情况可以认定为不相同也不等同。"所以不会构成侵权。通过这种方式,我们就实现了专利的规避。由此可见,我们运用因果链识别出来的缺点越多,就越有可能提出不同的解决方案,就越有可能规避竞争专利中的权利要求。

这里需要注意的是，在专利说明书的背景技术中，也会提出竞争专利所要消除的缺点，但通常技术背景中的缺点描述并不一定很准确，通常比较模糊，因此，有必要结合权利要求中提出的解决方案推理出缺点，并在此基础上找到初始缺点，然后建立因果链。

还需要注意的是对于某一个关键缺点，可能会有不止一种技术方案。

8.3.2 基于初始缺点识别和因果链分析的专利规避的算法

与TRIZ理论中的其他工具一样，我们同样也开发了算法，指导大家一步一步地实现基于初始缺点识别和因果链分析的专利规避，该算法具体如下：

（1）认真分析竞争专利中的独立权利要求部分，并辅以专利说明书中的内容，了解专利中所提出来的解决方案。

（2）将这一解决方案转换为缺点，即找出专利中的解决方案所消除的缺点；可以辅以专利说明书的背景技术来加深理解。

（3）从这个缺点出发，识别初始缺点。

（4）以初始缺点为源头，建立详尽的因果链。

（5）遍历因果链中所有缺点，尝试运用TRIZ理论中解决问题的工具对因果链中的所有缺点均提出一些解决方案。

（6）将新产生的解决方案与竞争专利中所提出的技术方案进行对比，并检索是否与其他已有专利有冲突，以防止出现侵权的可能。

8.4 基于初始缺点识别和因果链分析的专利布局

前面提到，许多公司在提交专利申请的时候，不会只提交一个专利申请，往往会提交多个专利申请，形成专利组合，可以进一步增强在这一技术领域的优势。基于初始缺点识别和因果链分析，我们也提出了专利布局的方法。

8.4.1 基于初始缺点识别和因果链分析的专利布局的原理

我们所执行的项目都是有缺点的，可以从这个缺点出发去识别初始缺点；或者对于即将提交的专利，我们可以同样将这一技术方案转化为所要消除的缺点，再根据上面类似的方法，识别出初始缺点。然后再建立因果链，对于因果链上的所有缺点都尝试运用TRIZ理论中解决问题的工具，如功能导向搜索、发明原理、标准解等方法产生相应的解决方案，再对所产生的解决方案进行评估，然后尽可能地将所有解决方案都提交专利申请，将通往项目目标的所有路径全部封死，从而形成一个严密专利组合，如图8.4所示。

假设图中的缺点5是我们所提交的专利中所要消除的缺点，通过重新确定初始缺点并在此基础上建立因果链，可以找到大量的缺点。从所有的缺点出发，产生解决方案。由于这些解决方案解决的问题不同，所产生的解决方案也应该是不同的，因此，可以形成多个不同的专利申请。由多个专利所形成的专利组合能够更加全面、有效地增强我们在这个技术领域的优势。

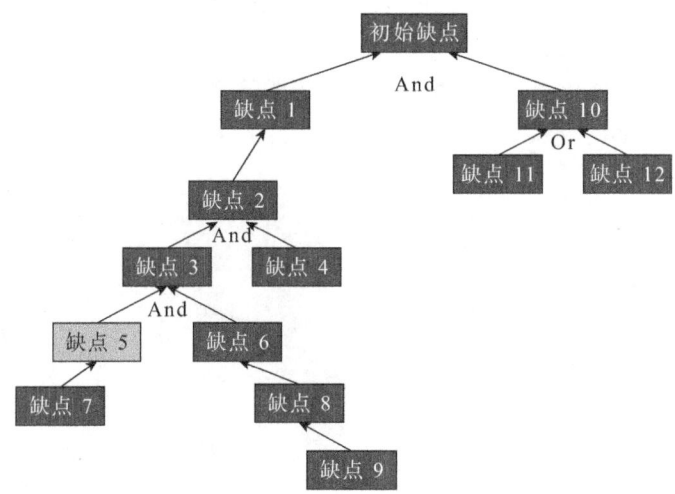

图8.4　由因果链中的所有缺点出发产生专利申请

8.4.2　基于初始缺点识别和因果链分析的专利布局的算法

我们也开发了基于初始缺点识别和因果链分析的专利布局的算法。

（1）根据项目的缺点，或者将我们拟提交的专利中的技术方案转化为对应的缺点。

（2）识别初始缺点。

（3）建立因果链。

（4）尝试运用TRIZ理论中解决问题的工具对于因果链中的所有缺点产生新的解决方案。

（5）评估所有解决方案的可专利性。
（6）提交多个专利申请形成专利组合。

8.5 基于初始缺点识别和因果链分析的专利战略案例研究

在中国，高砷煤的燃烧使得砷在常规脱硝催化剂中的沉积极高，高达2%～3%，而在大量电厂中广泛应用的SCR脱硝催化剂在砷的作用下使催化剂中毒，从而大大降低SCR催化剂的使用寿命。国家能源集团北京低碳清洁能源研究院废SCR脱硝催化剂再生研发团队对这一技术问题展开攻关，旨在脱除废SCR催化剂中的砷残留，如图8.5所示。研发团队首先做了专利分析，在此过程中，我们发现目前大量专利主要集中在化学清洗液方面，而且除砷的效率并不高。例如，CN104857998A，CN103894240B和CN105536886A等。

（a）再生之前的废SCR脱硝催化剂

（b）再生之后的废SCR脱硝催化剂

图8.5 再生前后的SCR脱硝催化剂

我们运用上面所提到的方法，进行了专利规避及布局。

（1）认真分析竞争专利中的独立权利要求部分，并辅以专利说明书中的内容，了解专利中所提出来的解决方案。通过专利分析，我们发现大多数现有专利集中于化学清洗液的开发。

（2）将这一解决方案转换为缺点，即找出专利中解决方案所消除的缺点；可以辅以专利说明书中的背景技术来加深理解。这些专利中所提出的解决方案大多都是提高清洗液的效率，转化为缺点就是"清洗液与砷钒络合物反应不足"。

8.5 基于初始缺点识别和因果链分析的专利战略案例研究

（3）从这个缺点出发，识别出初始缺点。经过团队的分析，我们将初始缺点确定为"交付给客户的再生SCR催化剂中的砷含量过高"。

（4）以初始缺点为源头，建立详尽的因果链。团队经过认真的分析后，建立了图8.6所示的因果链。

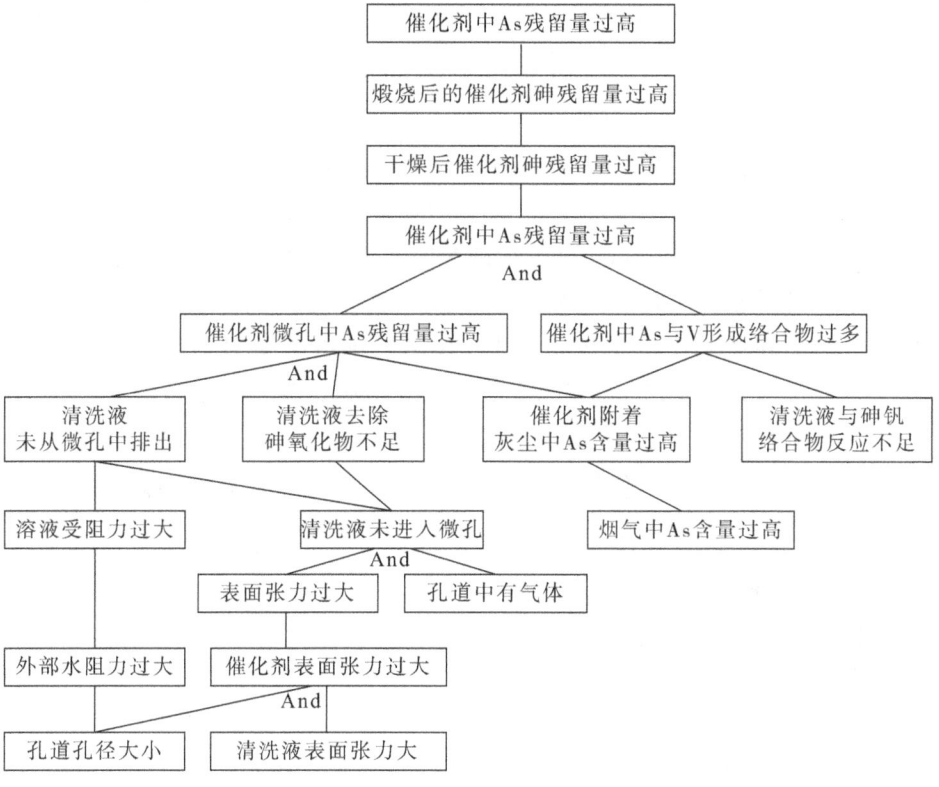

图8.6 SCR除砷项目中的因果链分析

（5）遍历因果链中所有的缺点，尝试运用TRIZ理论中解决问题的工具对因果链中的所有缺点均提出一些解决方案。

我们对于因果链中的所有环节均尝试提出解决方案，总计产生了15个想法。其中运用第二类标准解中的双物场模型方法得到的综合使用超声波的特定频率（声场）、特定温度（热场）和气泡（机械场）等方法，对去除砷非常有效。砷的去除率显著提高到90%以上，并且使催化剂原始活性成分的损失最小，再生催化剂的机械强度没有显著降低，因此大大延长了催化剂的使用寿命，实施起来也比已有的解决方案更加简单。此解决方案已在火力发电厂中实施。

第8章 基于TRIZ的专利战略简介及基于初始缺点识别和因果链分析的专利规避和布局

（6）将新产生的解决方案与竞争专利中所提出的技术方案进行对比，以防止出现侵权的可能。由于我们的超声方法与竞争专利中所提出来的解决方案非常不同，所以不存在侵权的可能性。新的解决方案已向国家知识产权局提交了专利申请。专利申请号为CN201810136806.1。

（7）专利布局。除了此解决方案，我们还针对每个缺点产生其他14个解决方案。我们正在提交更多专利申请，以便形成更强的专利组合。

8.6 小　结

本章介绍了基于TRIZ的专利战略。专利战略是支撑企业发展战略的重要组成部分，由许多专利策略构成，这些专利策略是由专利工作者在长期的专利活动中形成的。现代TRIZ理论中的工具为专利策略的实现提供了战术上的支持，使它们更加容易操作、更加容易实现。

本书简单介绍了部分可以运用TRIZ战略的工具，详细介绍了基于初始缺点识别和因果链分析的专利规避策略和专利布局策略，为系统化的规避专利和布局提供了具体的、可操作性更强的实施步骤。

附录 1

经典 TRIZ 理论中阿奇舒勒版标准解

此部分是经典 TRIZ 理论中阿奇舒勒版标准解，有兴趣的读者可以详细阅读并查看阿奇舒勒的相关著作。

第1类　建立和拆解物场模型

1.1　建立完整的物场模型

　　1.1.1　将不完整的物场模型补充完整

　　1.1.2　建立内部复合物场模型

　　1.1.3　建立外部复合物场模型

　　1.1.4　引入环境的物场模型

　　1.1.5　引入环境和添加物的物场模型

　　1.1.6　最小模式

　　1.1.7　最大模式

　　1.1.8　引入保护性物质

1.2　拆解物场模型

　　1.2.1　引入外部物质消除有害效应

　　1.2.2　通过改进现有物质来消除有害效应

　　1.2.3　引入一个物质来吸收有害作用（引入牺牲品）

　　1.2.4　引入一个新的场 F2 来抵消有害作用

　　1.2.5　"关闭"磁影响

第2类　增强物场模型

2.1　向复杂的物场模型转化

　　2.1.1　链式物场模型

　　2.1.1　双物场模型

2.2 增强物场模型
- 2.2.1 使用更可控制的场
- 2.2.2 分割物质
- 2.2.3 使用毛细管和多孔的物质
- 2.2.4 动态化物质
- 2.2.5 结构化场
- 2.2.6 结构化物质

2.3 改变场的频率
- 2.3.1 使F和S1或S2的自然频率匹配或不匹配
- 2.3.2 匹配F1和F2的频率
- 2.3.3 两个不相容或独立的动作可相继完成

2.4 利用磁场或铁磁材料
- 2.4.1 引入铁磁性物质和磁场
- 2.4.2 引入铁磁微粒和磁场
- 2.4.3 运用磁流
- 2.4.4 在铁磁场模型中应用毛细管结构
- 2.4.5 内部或外部复合的铁磁场模型
- 2.4.6 引入环境的铁磁场模型
- 2.4.7 应用物理效应和现象的铁磁场
- 2.4.8 增加铁磁场的动态化
- 2.4.9 结构化的铁磁场模型
- 2.4.10 在铁磁场模型中匹配节奏
- 2.4.11 利用电产生磁场模型
- 2.4.12 运用电流变液

第3类 系统向超系统或微观级转化

3.1 转化为双系统和多系统
- 3.1.1 系统转化1a：建立双系统或多系统
- 3.1.2 加强双系统和多系统的链接
- 3.1.3 系统转化1b：元素间的差异增加
- 3.1.4 双系统/多元系统的简化
- 3.1.5 系统转化1c：系统的整体或部分具有相反的特性

3.2 系统转化1：向微观级转化
   3.2.1 向微观级转化

第4类 检测和测量的标准解法
4.1 间接方法
   4.1.1 改变系统使检测或测量不再需要
   4.1.2 测量复制品
   4.1.3 用两个连续测量代替一个测量

4.2 建立新的测量系统
   4.2.1 建立测量物场模型
   4.2.2 复合测量物场模型
   4.2.3 引入环境的测量物–物模型
   4.2.4 从环境中取得添加物

4.3 增强测量系统
   4.3.1 利用物理效应和现象
   4.3.2 利用系统的谐振
   4.3.3 利用相连物质的谐振

4.4 转化为铁–场模型
   4.4.1 测量预铁磁场模型
   4.4.2 测量铁磁场模型
   4.4.3 复合测量铁磁场模型
   4.4.4 环境中的测量铁磁场模型
   4.4.5 运用物理效应和现象

4.5 测量系统进化的趋势
   4.5.1 向双系统或多系统转化
   4.5.2 测量待测物产生的衍生物

第5类 关于标准解应用的标准解
5.1 引入物质
   5.1.1 间接方法（"空"物质）
   5.1.2 分裂物质（分割为更小的物质）
   5.1.3 物质的"自消失"
   5.1.4 运用膨胀结构和泡沫

5.2 引入场

5.2.1 运用一种场产生另外一种场
5.2.2 使用环境中的场
5.2.3 利用能产生场的物质

5.3 相 变

5.3.1 相变1：改变相态
5.3.2 相变2：两种相态的相互转换
5.3.3 相变3：利用相变伴随现象
5.3.4 相变4：转化为双相态
5.3.5 利用不同相之间的交互作用

5.4 应用物理效应和现象的特性

5.4.1 利用系统的自我调节和转换
5.4.2 增强场的输出

5.5 产生物质的高级和低级方法

5.5.1 通过降解（分解）更高级结构的物质来获取所需物质
5.5.2 通过合并低等级结构的物质来获取所需物质
5.5.3 介于5.5.1和5.5.2之间

附录 2

S 曲线不同阶段的驱动力、标志和发展策略的总结

阶段	驱动力	标志	发展策略
第一阶段	① 限制MPV增长的诸多瓶颈还没有得到突破 ② 投资意愿不强 ③ 市场不明朗 ④ 销售收入几乎为零	① 工程系统MPV基本上不增长或者是增长非常缓慢 ② 工程系统没有在市场上出现，还处于实验室阶段 ③ 工程系统是一个新的系统，它具有至少一个具有吸引力的"冠军"参数 ④ 工程系统必须借用其他已有工程系统的组件 ⑤ 需要与目前市场上的主流工程系统相结合 ⑥ 类似的工程系统还有很多版本 ⑦ 工程系统的复杂程度会越来越高，经历复杂—简化—再复杂—再简化的过程 ⑧ 只有大量的投入，基本上没有什么产出	① 识别和消除阻碍工程系统走向市场的瓶颈 ② 提高功能 ③ 降低成本 ④ 运用已有的基础设施和资源 ⑤ 可以对工程系统的工作原理进行大的更改甚至是颠覆性的更改 ⑥ 优先在优势和劣势对比明显的领域开发工程系统

附录2 S曲线不同阶段的驱动力、标志和发展策略的总结

续表

阶　段	驱动力	标　志	发展策略
过渡阶段	① 推动力和阻力形成了一个相对的平衡 ② 主要的技术风险已经被排除 ③ 吸引了众多的关注和投资 ④ 来自政府层面的支持 ⑤ 来自基于类似技术的本领域的竞争 ⑥ 来自现有工程系统的竞争 ⑦ 非技术因素（例如，法律等）的介入 ⑧ 法律捍卫旧技术	① MPV开始提升，增长速度比以前快许多 ② 工程系统开始进入一个良性循环 ③ 开始在一些细分的市场上出现 ④ 已经完成了进入市场前的所有准备，即将大规模进入市场	① 尽快投入到具有优势较大、劣势较小的细分市场中 ② 至少有一个一流参数，其他参数都可以接受 ③ 继续适应现有的基础设施和资源 ④ 仍然可以进行大的改变，但是不能改变其工作原理
第二阶段	① 推动力大于阻力 ② 工程系统的阻力比较小 ③ 阻碍工程系统发展的各种瓶颈已经基本上全部消除 ④ 距离工程系统的发展极限还相差甚远 ⑤ 获得了更多的资源 ⑥ 有人开始为工程系统专门开发定制的产品	① MPV增长迅速 ② 工程系统在市场上大规模出现 ③ 规模效应开始显现 ④ 产品售价逐渐降低 ⑤ 工程系统种类的差异化越来越明显 ⑥ 工程系统在越来越多的领域获得应用 ⑦ 工程系统集成了与主要功能（设计目的）非常相近的功能 ⑧ 在接近第二阶段晚期的时候，工程系统的同质化现象突出 ⑨ 超系统（或基础设施）开始反过来适应工程系统 ⑩ 工程系统开始消费为其特别定制的资源	① 在保持成本基本不变的条件下提高性能 ② 允许在保持工程系统MPV显著提升的同时，稍微提高成本 ③ 优化成为程系统发展的主要策略 ④ 把工程系统移植到新的领域中 ⑤ 可以考虑运用折中的解决方案来减小或者消除它的副作用

附录2　S曲线不同阶段的驱动力、标志和发展策略的总结

续表

阶　段	驱动力	标　志	发展策略
第三阶段	① 推动工程系统发展的潜力已被耗尽 ② 销售收入达到了巅峰，有大量可用资源 ③ 工程系统发展遇到了自身的极限 ④ 成本、经济等的极限 ⑤ 用户的极限 ⑥ 超系统的限制 · 目标的限制 · 基础设施的限制 · 法律制度（包含专利）的限制 · 负作用急剧增长	① MPV增长缓慢，基本持平 ② 获得了广泛应用，在市场上的销量、占有率达到了极大值，但销量基本持平 ③ 工程系统使用高度定制的产品 ④ 许多超系统组件专门为工程系统设计 ⑤ 工程系统之间的差异主要体现在美学设计上，其他方面并无多大差异 ⑥ 工程系统获得了与工程系统的主要⑦ 功能（设计目的）毫无关联的功能	① 短期、中期策略之一：降低成本 ② 短期、中期策略之二：开发服务组件 ③ 短期、中期策略之三：提高美学设计 ④ 短期、中期策略之四：开发与回收相关的工程系统 ⑤ 长期的策略之一：工程系统或其组件转向基于其他工作原理发展 ⑥ 长期的策略之二：深度裁剪 ⑦ 长期的策略之三：与替代系统或超系统集成 ⑧ 长期的策略之四：寻找处于早期的MPV来发展 · 跳到另外一条相同MPV但基于不同工作原理的S曲线上去 · 跳到同一工程系统中还处于早期的另外一条不同MPV的曲线上去
第四阶段	① 工程系统的资源耗尽，前进的推动力微弱 ② 发展潜力已经已被开发完毕 ③ 更有效的工程系统已到第二阶段，迫使原有工程系统退出市场 ④ 超系统的改变减少了对工程系统的需求	① MPV下降营业收入、市场份额、利润等都大幅减少 ② 工程系统仅少量存在于细分市场 ③ 工程系统的主要功能失去实用性，成为一种娱乐性、装饰性、玩具性、运④ 动性设备或奢侈品 ⑤ 工程系统在超系统中发挥作用	① 大幅降低售价 ② 寻找仍有竞争力的领域 ③ 除了上述建议外，其他的建议与第三阶段相同 · 近期和中期：降低成本，研发服务组件或子系统，提升美学设计 · 长期：克服瓶颈，通过转向工程系统或组件的其他工作原理来 · 深度裁剪，与替代系统或者超系统集成

跋

初次接触TRIZ理论是在2006年，当时我在通用电气（GE）全球研发中心工作，在此工作期间先后学习了一、二、三级TRIZ知识，2012年离开GE加入了国家能源集团北京低碳清洁能源研究院，整体负责六西格玛和TRIZ的推进工作，并在此期间获得了TRIZ四级和五级的认证证书。

在过去的14年里，一路走来，毫无疑问，我是非常幸运的。我幸运地得到了许多人的关心、支持和帮助。回首过去多年来的心路历程，一路走来，受到了许多人的眷顾，让我难以忘怀。也正是由于他们长期的支持下，我才得以坚持下来。缺少了任何一个环节的支持，我都不可能在TRIZ这条路上走到今天。

忘不了，我2005年获得博士之后，离开校园进入的第一家企业通用电气（GE）。这一段经历让我接触到世界上最先进的理念，接触到六西格玛和TRIZ等先进的方法论，也在这里重新塑造了我的性格。

忘不了，当时GE全球研发中心（上海）的质量总监黄小平博士及我的主管邓群博士给了我赴美接受TRIZ培训的机会，也忘不了当时的GE全球质量总监Martha Gardner博士在六西格玛和TRIZ领域给我的指引。

忘不了，我曾师从的TRIZ大师Sergei Ikovenko博士和Alex Lyubomirskiy先生等，他们把我带进了TRIZ的世界。

忘不了，在低碳院工作的8年里，低碳院学术委员会黎念之院士、委员乔家瑜博士给予我一贯的支持，并在几个关键时间点上给予了背书，并从根本上扭转了当时非常不利的局势；忘不了，低碳院院长卫昶博士、Mike Davis博士给予我的大力支持，从最高管理层，从制度、资源等方面提供了保障；忘不了，曾经直接领导我工作的王理博士、李文华博士、徐文强博士、张冰博士，积极为我出谋划策，一起排除推行

跋

过程中的障碍；是低碳院领导们的宽容，可以让我有机会静下心来，潜心研究TRIZ理论；也忘不了，低碳院的黑带们和大量员工的配合，正是大家一起努力，克服了大量大大小小的项目中的技术难题，才使得六西格玛和TRIZ等先进方法论得以在低碳院获得了贯彻落地，也使得我对现代TRIZ理论的应用有了更深的体会，获得了实质上的升华。

忘不了，曾经一起推广TRIZ的伙伴，有协助我们组织过大量培训的上海萃咨韩楠女士，也有在不同场合一起并肩战斗过的朋友们，如上海知识产权培训中心的董毅红、王暄妍女士和黄公德先生，上海科技创业中心彭建平博士，华南理工大学李淼博士，重庆市创新方法研究会副秘书长唐先龙研究员，内蒙古科技大学董振域教授，山东大学韩奎华教授，上海交通大学明新国教授，黑龙江省创新方法应用学会刘和军、薛军先生等；重庆三峡学院电信学院聂祥飞院长，陕西师范大学张中月教授，马钢南山矿业揣新先生，东莞金指南董事长楼政博士，丹纳赫伋风林先生，香港创新学会会长、香港大学盧興猷教授，内蒙古生产力促进中心吴晓红女士，以及已故的东莞计算机学会会长胡选子博士，还有在2020年新冠疫情期间协助我组织面向疫区公益培训的郭小琳女士、罗军先生。

忘不了，北京工业大学高国华教授、张文利教授，天津大学何桢教授、施亮星教授，是他们给了我在大学执教的机会，有机会让研究生、大学生接触到TRIZ理论。

忘不了，为我在TRIZ与知识产权结合的研究过程中指点迷津，使我霍然开悟的深圳知识产权研究会邓汉藩会长、陈亮先生、厦门大学张彬彬老师；也忘不了与中国知识产权研究会秘书长陈燕女士及其团队孙全亮、马克等人一起开展TRIZ与专利战略的实践的点点滴滴。

忘不了，曾经为解决项目中的技术难题而一起绞尽脑汁的朋友们，如上海熊猫机械集团柳汉莹女士、张宗来先生，锐捷网络的杨长洲先生、鲁志平女士，深科技的孙建波、蒋江成先生，福田康明斯王亮女士。

忘不了，曾经与新和成总裁胡栢剡先生、上海海事大学刘海洋老师、华为李娟女士、上海微电子装备的郑乐平先生等一起远赴韩国三星、现代汽车、LG和浦项制铁以及德国博世、舍弗勒等调研TRIZ，了

跋

解世界上先进企业在推进TRIZ方面的经验。

在以往的学习、培训、推进TRIZ过程中，以及写作本书的过程中，还有许多TRIZ领域的朋友给了我灵感、建议和支持，借本书出版的机会，向他们表示衷心的感谢。（排名不分先后）。

竺 栋	徐 昊	乔 亨	邹先军	杨吉忠	杨 锋
刘 井	程社文	刘庆华	严军荣	高绪彬	韩 博
金 杨	门艳玲	杨 杰	傅劲松	马少丹	雷 晖
张 峰	刘德茂	赵利军	董 阳	常彬杰	邢凤雷
林红艳	林少波	王志刚	王爱峰	何邑雄	黄志斌
陈剑松	张更平	曾南春	马琳鸽	饶 中	朱 良
李国华	邓甜音	王晓欢	冯世钧	高浩华	蒋明哲
刘 路	刘 雯	张更平	杨 霞	赵 帅	张正龙
杨彬誉	邓援超	李 艳	周金平	袁志刚	于 娜

还有大量给予我支持的朋友，限于本书的篇幅，恕不能一一列出。

我深信，TRIZ是一种非常有效地启发我们创新的方法论，它可以激发工程师们突破技术瓶颈的灵感。当前，我国正处于技术创新的关键时期，TRIZ在中国的发展恰逢其时。但它的普及、应用并不是一个人、两个人所能够完成的。

只要我们团结一致、共同努力、埋头苦干、舍得下功夫，就一定能够使TRIZ产生更多的务实成果，TRIZ等先进的方法论必将会在我国未来的发展中做出更大的贡献。

孙永伟

2020年5月15日